古代ギリシャの原子論から
最新の量子重力理論まで

量子論が
ゼロからわかる

ステン・オデンワルド＝著
中家 剛＝監訳 今田マーサ＝訳

NEWTON PRESS

www.arcturuspublishing.com

量子論がゼロからわかる

古代ギリシャの原子論から最新の量子重力理論まで

はじめに

量子論は，物理学の中で最も難解で気が遠くなるような分野の一つといえるでしょう。科学者たちも，物理的な世界の科学研究の中で，最も深く考える必要のある研究対象だと自認しています。ノーベル賞物理学者リチャード・ファインマンでさえ，「誰も量子力学を本当には理解していない。『でも，どうしてそんな風になるのか』と問い続けるのはやめたほうがいい。袋小路に行き着くだけだ。どうしてそんな風になるのかは誰にもわからないのだから」と述べています。

本書は，古代ギリシャの原子論学派から最新の量子論までを解説し，物質の本質を調べる現代の最先端の実験を通じて，物質と力についての深い洞察を明らかにしていきます。現在，このテーマへの注目度の高さを示すように，量子力学を紹介するさまざまな形式の本が多数出版されています。多くの文献を手にとれることは，量子論の主要な問題と発見について勉強を始めようとする初心者にとって大きなメリットでしょう。量子論は，新しい実験研究によって日進月歩で進化している分野ですから，公開された情報をアップデートしていくことがとても重要になります。わずか5年前に書かれた本でさえ，特にひも理論，量子重力や量子測定の問題など，重要な研究分野では時代遅れになってしまうのです。

科学のほかの多くの分野とは異なり，物理学は数学的な記述によってのみ正確に表現できます。本書では，数式の多用を避けていますが，数式が登場した場合には，美術館で絵をその主題や筆の動きまで深く掘り下げずに鑑賞するのと同じように，数式の形それ自体を楽しんでください。ただし，いくつかの事例においては，数式の表す意味を示すため，また，説明する現象のスケールを表すために数値計算を行っています。

量子論では，一般読者を悩ます専門用語が頻出します。残念ながら，大統一理論や量子測定の分野に登場する「波動関数」，「フェルミ粒子」，「SU（3）」などの多くの用語を使用せずに量子論について記述するのは不可能です。重要な概念を議論するには，特定の単語に言及せざるを得ません。専門用語が出てきたときには，「スティーブン」や「メアリー」などそれ以上の定義を必要としない固有名詞として読み進めてください。

本書では，各章の終わりごとに，Key Pointsとして量子論の概要をまとめています。各Key Pointsは，熟考に値するものであり，私たちが物理的世界を見る視点に劇的な変化をもたらすでしょう。私たちの世界を構成する原子物質は，観測や測定の瞬間まで明確な性質をもたず，実験主題に応じて，粒子であるか波であるか瞬時に変化します。時間と空間の本質が幻であるように，私たちが真空だと想定する「空の空間」は幻想にすぎません。世界を構成する要素は，ある意味，観測して初めて存在することが確定するかのように振る舞います。原子の世界を記述する量子論的な不確定性は，それが不完全で欠落した理論だという意味ではありません。世界を記述する何らかの新しい大理論によって説明されるというわけではないのです。100年にわたる研究と実験の結果，私たちは，世界が構築されている理由をほんの少しだけ理解できるようになりました。今後数年間のうちに，確実に，2019年までに私たちが学んできたことを基礎としてまったく新しい研究の舞台の幕が開くでしょう。

第 1 章

原子物理学の始まり

岩，空気，水などの私たちの周りにあるものが，目に見える物質よりもっと基本的な要素からつくられているという考えに至るまでには，長い時間を要しました。シュメールの楔形《くさびがた》文字，エジプトの象形文字，さらには古代中国の絵文字から発展した文字で書かれた文献を調べても，私たちのはるか遠い祖先がそのような発想をもっていたという手がかりはほとんど見つかりません。もちろん，人類は常に，岩石の成分や元素の金から，木，植物や動物などの種々の生物学的物質まで，多様な物質を区別することができました。しかし，私たちがよく目にするものの背後に，より根源的な要素が存在するという発想はなかったのです。記録に残る限りの歴史では，紀元前数世紀の間に，その状況が変化しました。古代インドの哲学者と古代ギリシャの科学者が「物質の最小粒子」の概念を考案しました。インド哲学においては，インドのグジャラート州のプラバースクシェトラに紀元前6世紀から2世紀の間に実在した哲学者アチャリヤ・カナーダが多くの功績を打ち立てました。カナーダは，米粒から着想を得て，のちにパルマヌと呼ばれる物質の最小粒子の概念を考案したのです。彼は，のちにヴァイシェーシカ学派を創始し，原子と宇宙の性質についてのアイデアを教えました。古代ギリシャ人は，独自にあるいは自然に広まったカナーダの考えの影響も受けて，実質的にカナーダと同じように物質の本質についての概念を発展させました。

原子の世界

原子（Atom－ギリシャ語で不可分なものという意味のアトモスに由来）の理論は，紀元前5世紀にデモクリトスとレウキッポスによって提唱されました。当時，地中海周辺と極東では，物質はいくつかの異なる特性によって分類できる連続体であるという考えが広く浸透していました。原子論は，そのような考えとはまったく別次元の理論でした。原子論者は，

古代ギリシャの原子の概念を発展させたデモクリトス（左）とレウキッポス（右）。

形の異なる無数の原子が存在し，その形によって，つくられる物質の特性が決定されるという革新的なアイデアを提案したのです。たとえば，鉄の原子には小さなフックがあり，それが室温で結合することによって硬く強度の高い固体になると考えました。原子は極小なため観察できず，半分空の箱に入って動き回るビー玉のように，その配列を自由に組み替えて新しい物質を形成できるとされました。

この考えは，原子に加えて，原子が存在し動ける場所としての完全な真空空間（空虚）があるということを意味しました。そう解釈しなければ，原子は互いに永遠に動けないまま大きな塊の中で閉じ込められるという矛盾した結論となります。空虚という概念のみによって，原子を運動可能な構成物と定義することができたのです。空虚の概念が提唱されて以降，真空空間と原子の性質は密接に関連づけられてきました。紀元前55年, ルクレティウスは『物の本質について』(1961年, 岩波書店)の中で原子の形を次のように説明しました。

「原子は元々あるものであって, 我々の手で単一の一定型へと分割できるものではない。したがって, ある原子はほかの原子とは異なる形状をしているに違いない。論理的に考えれば, 我々は, なぜ稲妻が地上のトーチの灯りよりもはるかに眩しく暗闇を貫くのかを容易に理解することができる。つまり, 稲妻の光はより細かく, より小さい粒子なので, 木やトーチの灯りでは跳ね返され通過できない空間を通り抜けることができるのだろう。硬くて密度の高い物質は互いにかぎ針のように引っ掛かり合い, 枝のように絡み合い強固に結合した粒子で構成されているに違いない」(『ルクレティウス　エピクロス派と詩人』(John Masson 1907))

原子論者が西洋における先駆的学派の礎《いしずえ》を築いてから数百年後, アリストテレス(紀元前384～紀元前322)は, 土, 空気, 火, 水及びエーテルという五元素の存在を提唱しました。これは, 原子論者の主張した空虚概念と相容れないものでした。当時最も影響力ある哲学者の一人として, 彼は原子論学派に対して厳しい批判を投げつけ, 比較的早いうちに, 物質論としての原子論は影をひそめていきました。一方で, アリストテレスの元素論と親和性の高かった錬金術師, 冶金《やきん》学者や宝石職人らは, 2世紀までに, 土の元素には多数の種類が存在することを認識していました。さらに, これらの一部, たとえば金はほかの化合物と混ざり合わず, 土をつくるほかの元素よりもさらに根源的であると考えていました。アリストテレス学派の学者の主張と, 錬金術師が実験を通じて体得した知見とは, 明らかに異なっていたのです。14世紀までに原子論学派への関心は復活したもの

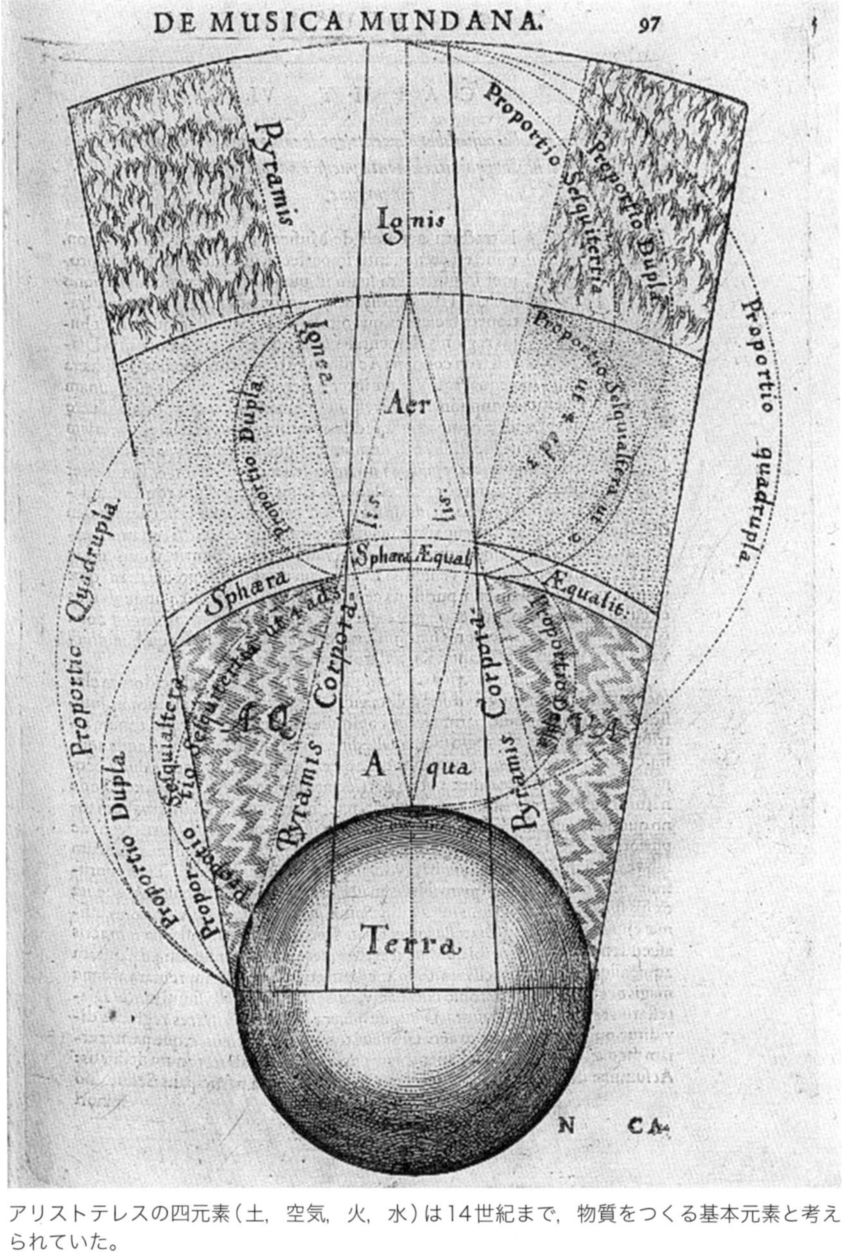

アリストテレスの四元素（土，空気，火，水）は14世紀まで，物質をつくる基本元素と考えられていた。

酸素の化学的性質を発見したアントワーヌ・ラヴォアジエ（右）。

の，原子論は正統派キリスト教の教えと矛盾するエピクロス主義哲学と関連していたため，原子を信じることは許されないと考えられていました。

さらに数百年が経ち，化学者ロバート・ボイル（1627 ～ 1691）とアイザック・ニュートン（1642 ～ 1727）が，原子論の概念の正当性を擁護しました。最初に提唱されてから約2000年の時を経て，物質の構造の概念である原子論は，科学の発達とともに再び注目を集めたのです。ニュートンは，『自然哲学の数学的諸原理』（1687年，邦訳：2019年，講談社）において，「……物体の最小単位はすべて，広がっていて，硬くて透過できず，運動可能で，適切な慣性が備わっている」と述べました。ニュートンはまた，原子は重力ではない別の力によって相互作用すると主張しました。しかし，ニュートンが提唱した原子は特徴がなく，密度に違いがあることから水が岩よりも軽いと説明できたにすぎず，原子の化学的性質を何も説明していませんでした。ニュートンの登場により重力の影響下での物体の動きに関する研究は飛躍的に進歩しましたが，物質の本質に関する基本的な理解は極めて原始的なままでした。原子モデルが著しい発展を遂げたのは，化学者たちが物質の多様な反応を実験室で観察し，どのように原子と分子が化合し形を変えるのかを分析するようになってからでした。

分析化学と原子の性質

錬金術と当時の化学は，化合物から金を合成しようとする取り組みで，東洋と西洋世界の両方において家内工業として営まれていました。つぼの底に金を出現させるための適切な配合と手順を見つけるには，膨大な時間を要し，何を試行したか，どれが失敗したのかを注意深く記録する必要がありました。その過程で，合成物として，特定の化合物や物質が定期的に出現し始めたのです。これらの結果を無視し，延命効果のある秘薬や金を熱心に探し続ける人もいましたが，一部の錬金術師たちは，特定の組み合わせが特定の最終結果にどのように結びつくのかにますます興味をそそられました。1777年，カール・シェール（1742～1786）は，アリストテレスが

	Noms nouveaux.	*Noms anciens correſpondans.*
Subſtances ſimples qui appartiennent aux trois règnes & qu'on peut regarder comme les élémens des corps.	Lumière	Lumière.
	Calorique	Chaleur. Principe de la chaleur. Fluide igné. Feu. Matière du feu & de la chaleur.
	Oxygène	Air déphlogiſtiqué. Air empiréal. Air vital. Baſe de l'air vital.
	Azote	Gaz phlogiſtiqué. Moſete. Baſe de la moſete.
	Hydrogène	Gaz inflammable. Baſe du gaz inflammable.
Subſtances ſimples non métalliques oxidables & acidifiables.	Soufre	Soufre.
	Phoſphore	Phoſphore.
	Carbone	Charbon pur.
	Radical muriatique.	Inconnu.
	Radical fluorique	Inconnu.
	Radical boracique	Inconnu.
Subſtances ſimples métalliques oxidables & acidifiables.	Antimoine	Antimoine.
	Argent	Argent.
	Arſenic	Arſenic.
	Biſmuth	Biſmuth.
	Cobolt	Cobolt.
	Cuivre	Cuivre.
	Etain	Etain.
	Fer	Fer.
	Manganèſe	Manganèſe.
	Mercure	Mercure.
	Molybdène	Molybdène.
	Nickel	Nickel.
	Or	Or.
	Platine	Platine.
	Plomb	Plomb.
	Tungſtène	Tungſtene.
	Zinc	Zinc.
Subſtances ſimples ſalifiables terreuſes.	Chaux	Terre calcaire, chaux.
	Magnéſie	Magnéſie, baſe du ſel d'Epſom.
	Baryte	Barote, terre peſante.
	Alumine	Argile, terre de l'alun, baſe de l'alun.
	Silice	Terre ſiliceuſe, terre vitrifiable.

ラヴォアジエの元素表（1789年）。

元素と考えた空気は，汚れた空気（窒素）と火の空気（酸素）からなる化合物であることを最初に発見しました。実際，汚れた空気には硫化窒素の不純物が含まれていて，それが腐った卵のような臭いを出していたのです。一方，イギリス人化学者ジョセフ・プリーストリー（1733～1804）は，実験室で，さまざまな気体を発生させることに成功しました。このうちの一つは，現在では酸素として知られている気体で，脱フロギストン空気と呼ばれていました。

フランスでは，アントワーヌ・ラヴォアジエ（1743～1794）が1783年に，燃焼はプリーストリーが新たに発見した酸素と可燃性物質の組み合わせによる化学反応の過程であると発表しました。ラヴォアジエの研究によって，土，空気，火，水及びエーテルはもはや自然の基本的な構成要素ではなく，それ自体がより基本的な要素から構成されていることが理解されました。フランス革命の真っ只中に断頭台で処刑されたラヴォアジエは，死の数年前の1789年に，近代的な化学の最初の教科書とされる『化学のはじめ』（邦訳：1973年，内田老鶴圃新社）を出版しました。同書には，当時知られていた33の基本元素を体系的に分類した元素表が掲載されました。

こうして，18世紀の終わりまでに，原子は元素の分類という実用的な効能のために研究される時代に入りました。しかし，原子が何の中にあるのか，原子が何なのかという詳細はほとんどわかっていませんでした。イギリスの化学者ジョン・ドルトン（1766～1884）は，元素に関する原子論とその化学反応を提案したとされています。彼の基本的な考えは次のとおりです。

1. 元素は，原子と呼ばれる非常に小さな粒子でできている。
2. 特定の元素の原子は，大きさ，質量及びその他の性質が同じであり，異なる元素の原子は，大きさ，質量及びその他の性質が異なる。

3. 原子を分割したり，生成したり，破壊することはできない。
4. 異なる元素の原子は単純に整数比で結合して，化合物を形成する。
5. 化学反応において，原子は結合し，分離しまたは配列を変える。

ドルトンは，原子の内部構造について研究した最初の化学者の一人であるアイルランドの化学者ブライアン・ヒギンズ（1741 ～ 1818）の影響を受けたと考えられます。ヒギンズは，原子は重い中心粒子とそれを囲むカロリック（熱素）という当時存在が想定されていた熱物質で構成されていて，原子のサイズは，熱素体の直径によって決まるという優れたアイデアをひらめきました。ドルトンの原子論もヒギンズと同じでしたが，彼は化学相互作用の詳細な測定に重点を置き，そこから倍数比例の法則を導き出しました。二種類の元素が化合して二つ以上の化合物をつくる場合，これらの化合物の間では，同一質量の一方の元素と結合するほかの元素の質量は，常に簡単な整数比を示すという法則です。この法則は，一定で固有の質量をもつ原子による相互作用を検討することで，最も簡単に説明できます。この段階では，化学現象は現代のように電子とその相互作用であるとは考えられておらず，単に異なる質量をもつ基本原子による関係にすぎませんでした。しかし，最終的にヒギンズは，化学反応に関与したのは重い原子核ではなく，原子の核を取り囲む周辺部分であるという考えにたどり着きます。この考えは，ほぼ1世紀後に現れる電子《でんし》雲《うん》の概念に通じています。ドルトンの

ジョン・ドルトンは，基本となる原子の内部モデルを最初に発展させた。

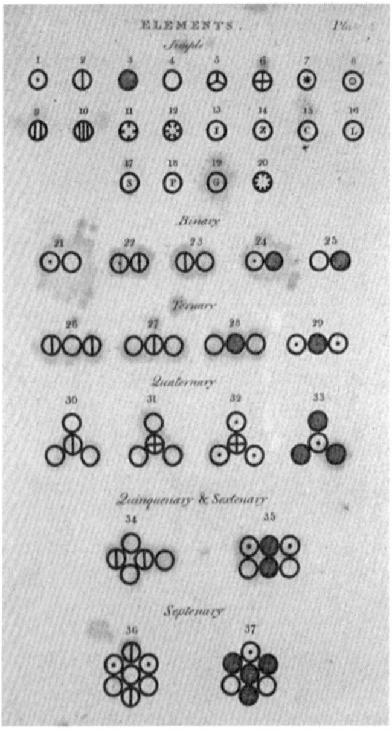

ドルトン『化学哲学の新体系』(1808)に掲載された原子と分子。

原子理論は広く発表されたので，よく知られています。しかし，ヒギンズの理論は，彼が1803年に精神的な不調にあったため，広く公表されることはありませんでした。

1860年代後半，ドミトリ・メンデレーエフ(1834～1907)とジュリアス・マイヤー(1830～1895)は元素の分類手法を発展させました。ラヴォアジエとドルトンの作成した表に続いて，1800年代以降, 37を超える新しい元素が追加され，メンデレーエフの時代には，元素の総数は58を超えるまでに増加しました。メンデレーエフとメイヤーの周期表は，族(グループ)と呼ばれる八つの列と周期と呼ばれる12の行に分割され, 族は類似の化学的性質を有する元素を表し，行は同じ化学的性質をもつより重い元素を順番に並べたものでした。メンデレーエフはこの表を用いて，三つの新しい元素の存在を予測し，エカホウ素，エカアルミニウム，エカケイ素と名づけました。これらはのちに発見され，スカンジウム，ガリウム，ゲルマニウムと改名されました。

1894年，レイリー卿(1842～1919)とウィリアム・ラムゼー(1852～1916)は，元素周期表を修正し，希ガス(ヘリウム，ネオン，アルゴン，クリプトン，キセノン)用の新たな列を追加しました。しかし，19世紀の終わりになっても，元素の分類と系統的な性質は，不可解ではあるものの元素固有の密度と質量に関係するとしか考えられていませんでした。物理

Tabelle II.

Reihen	Gruppe I. — R^2O	Gruppe II. — RO	Gruppe III. — R^2O^3	Gruppe IV. RH^4 RO^2	Gruppe V. RH^3 R^2O^5	Gruppe VI. RH^2 RO^3	Gruppe VII. RH R^2O^7	Gruppe VIII. — RO^4
1	H=1							
2	Li=7	Be=9,4	B=11	C=12	N=14	O=16	F=19	
3	Na=23	Mg=24	Al=27,3	Si=28	P=31	S=32	Cl=35,5	
4	K=39	Ca=40	—=44	Ti=48	V=51	Cr=52	Mn=55	Fe=56, Co=59, Ni=59, Cu=63.
5	(Cu=63)	Zn=65	—=68	—=72	As=75	Se=78	Br=80	
6	Rb=85	Sr=87	?Yt=88	Zr=90	Nb=94	Mo=96	—=100	Ru=104, Rh=104, Pd=106, Ag=108.
7	(Ag=108)	Cd=112	In=113	Sn=118	Sb=122	Te=125	J=127	
8	Cs=133	Ba=137	?Di=138	?Ce=140	—	—	—	— — — —
9	(—)	—	—	—	—	—	—	
10	—	—	?Er=178	?La=180	Ta=182	W=184	—	Os=195, Ir=197, Pt=198, Au=199.
11	(Au=199)	Hg=200	Tl=204	Pb=207	Bi=208	—	—	
12	—	—	—	Th=231	—	U=240	—	— — — —

der chemischen Elemente.

1871年のメンデレーエフの周期表。類似の化学反応を示す元素を表す八つの族と，各列で原子の半径が小さくなりイオン化エネルギーが増加する12周期を表す。

学界の一部では，まだ，原子の概念そのものがまったく定まっていませんでした。たとえば，エルンスト・マッハ（1838～1916）は，原子は理論上の構成物にすぎないと信じていました。一方で，原子を考えた気体分子運動論と熱力学の創始者の一人であるルートヴィッヒ・ボルツマン（1844～1906）は，原子は確実に存在すると考えていました。

電子

化学者は，周期表によって元素を系統立てて分類することに大成功しました。さまざまな元素は原子質量と化学的類似性によって数学的に体系化できたのですが，その基本となる原子の構造についてはまったく手がかりがありませんでした。ここで，化学とは別のアプローチにより，新しい基本的な粒子（素粒子）が発見されたのです。最初に発見されたのが電子でした。

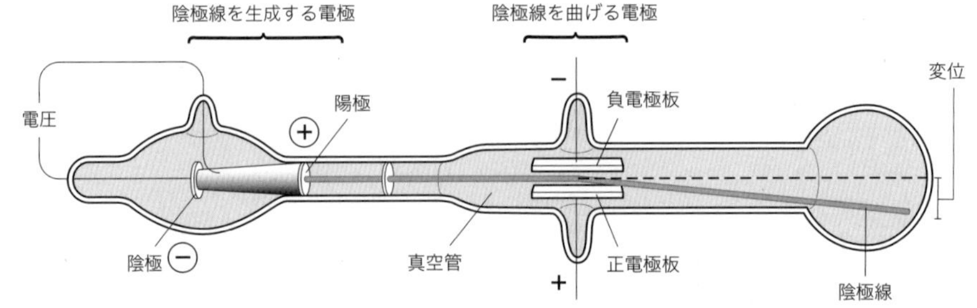

ヒトーフが使用した自由電子を発見した簡単な陰極線管。

静電気の存在は古代ギリシャの時代から知られていましたが，18世紀になってフランスの物理学者シャルル・フランソワ・デュ・フェ（1698～1739）とアメリカの博学者ベンジャミン・フランクリン（1706～1790）が，荷電粒子からなる単一の電気流体が，雷を含むほとんどの静電気現象の原因であることを突き止めました。1874年，アイルランドの物理学者ジョージ・ジョンストン・ストーニー（1826～1911）は，電気に最小の単位量が存在することを示唆しました。彼はその最小単位量の値を推定し，電荷イオンと名づけました。*Philosophical Magazine*（哲学誌）の1894年の論文『Of the “Electron” or Atom of Electricity（電子，あるいは電気の電子）』において，「その推定値は，この最も注目すべき電気の基本単位の実際の量である。私はこの電気の基本単位を電子と名づけた」と述べています。しかし，電子は永久に原子に付着しており，原子の外部で観測することは不可能だと考えていました。

1869年のJ・W・ヒトーフ（1824～1914）による陰極線の発見は，電気のように振る舞うマイナスに帯電した粒子を，原子から放出させられることを示していました。その結果，原子の内部構造には電子が含まれていることがわかりました。これらの実験を経て，原子のモデル（原子模型）が確立しました。そして，周期表の規則性と発展中の分光学におけるいくつかの新発見を解明する基礎となったのです。

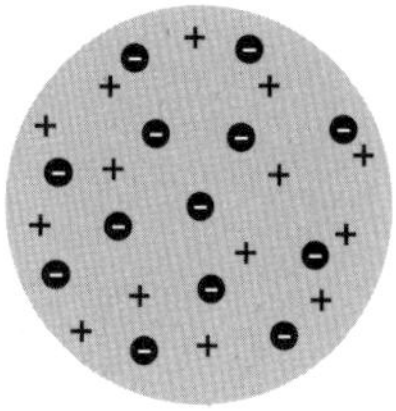

トムソンによる原子のプラムプディングモデル。

プラムプディングモデル

1904年，ジョセフ・ジョン・トムソン（1856～1940）は，プラムプディングモデルを発案しました。彼は，原子の内部は，正及び負の電荷を帯びた「小体」が均一に混在していると考えました。ジョージ・フィッツジェラルド（1851～1901）は，1900年に，原子の質量全体は多数の電子の集団による重さであると提唱していました。たとえば，水素原子には500個の電子が含まれ，酸素には8000個の電子が含まれているということでした。

ラザフォードの原子

アンリ・ベクレル（1852～1908）による硫酸ウラニルカリウム（$K_2O_{10}S_2U$）という化合物を用いた実験では，この化合物のウラン元素が粒子を放出していることが証明されました。アーネスト・ラザフォード（1871～1937）はこの研究を続け，いくつかの活性元素が粒子を放出することを発見し，それをアルファ粒子，ベータ粒子，ガンマ粒子と分類しました。のちに，アルファ粒子はヘリウム原子の原子核，ベータ粒子は電子，ガンマ粒子は高エネルギーの光であることが判明しました。

ラザフォードは原子の構造を解明するため，アルファ粒子を弾丸のように金箔の薄いスクリーンに撃ち込んで通過させるという独創的な実験を行いました。原子が混合電荷からなる均一な球体であれば，アルファ粒子は影響を受けずに金箔を通過します。しかし，実際は，いくつかのアルファ粒子は金箔をまっすぐ通過せず，大きく反射または散乱したのです。ラザ

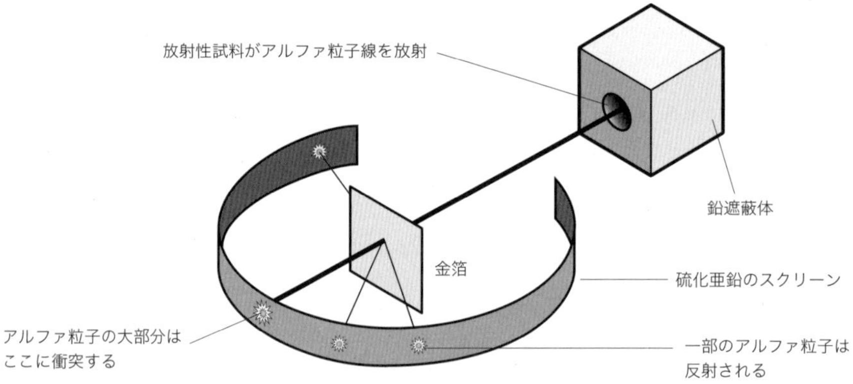

ラザフォードの散乱実験は，原子核の存在を突き止めた。

フォードの実験により，トムソンが構想した正と負の電荷を帯びた小体の均一な混合物ではなく，原子は電子の雲に囲まれた重くて小さな原子核を有することが明らかになりました。この原子の内部構造は，1911年に，ラザフォードの原子モデルとして発表されました。そして，正の核電荷はラザフォードによって陽子であることが解明され，1931年までに，イレーヌ・ジョリオ・キュリー（1897～1956）とジェームズ・チャドウィック（1891～1974）によって陽子の仲間である重い中性粒子が発見され，中性子と命名されました。

原子が放射能と呼ばれるほかの物質要素を放出する現象は，古代原子論学派の分割不可能な粒子という元素の概念に終わりを告げるものでした。2000年以上の時を経て，科学者たちはギリシャとインドの哲学者の発想を超え，物質の構成要素を完全に新しく理解したのです。原子は確かに自然界に実在しますが，永遠の存在ではありません。これは，20世

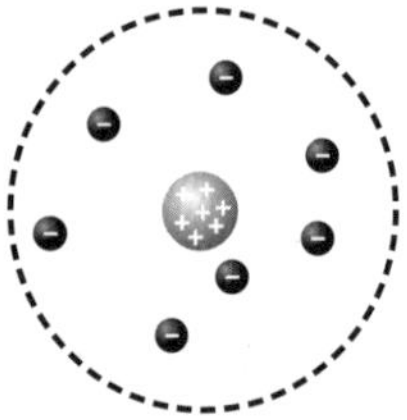

高密度の原子核を電子が取り囲む最初のラザフォードの原子モデル。

紀初頭の数十年間に展開された壮大な物語の序章にすぎませんでした。研究の焦点は素粒子へと移り，最も関心を集めたのは電子そのものでした。

分光法が解明した原子の構造

原子が内部に構成要素をもつという発見は，ニュートンが始めた分光法という，光を分析する新しい技術によってもたらされました。19世紀初頭，ウィリアム・ウォラストン（1766～1828）とヨゼフ・フォン・フラウンホーファー（1787～1826）は，太陽光のスペクトルを観測するニュートンのプリズム技術を独自に改良し，太陽光の虹色のスペクトルの中に暗線《あんせん》を発見しました。ウォラストンは，1802年に少数の暗線の観測に成功していましたが，その暗線が科学的に重要だとは考えていませんでした。1814年には光学機器職人であったフラウンホーファーが，自身の発明した分光器を用いて暗線を観測しました。彼はすぐにその固有の特性を理解し，最終的に574を超える個々の暗線を体系化しました。

フラウンホーファーは優れた光学技術者であり，彼が製作する機器は光学性能に優れ，高い需要がありました。しかし，彼は早い段階で，太陽の「白色光」だけを光学性能の基準として製造した場合，光学機器の精度が落

回析格子分光器を実演するフラウンホーファー（中央）。

ちることに気づきました。そこで彼は，光学スペクトルをプリズム状に分散させ一色のみの光を作成し，フィルター処理された単色光を使用して光学設計を行う手法を開発しました。ニュートンはスクリーンのピンホールを太陽光源として使用しスペクトルを観測しましたが，彼はピンホールではなくスリットを導入しました。スリットによって，ニュートンの方法では観測できなかった個々の暗線の観測が可能になったのです。彼は，プリズムではなく，回折格子を使用して光を波長に分散させることにより，この手法を急速に発展させました。しかし，暗線を発見したフラウンホーファーでさえ，その暗線が生じる本当の原因を理解することはできませんでした。暗線が解明されるのは，さらなる科学的発展が進む，彼の死から30年後のことでした。

ヨゼフ・フォン・フラウンホーファー

11歳で孤児になったヨゼフ・フォン・フラウンホーファー（1787～1826）は，ガラス工場で徒弟として働いていました。工場が火事で焼失したのち，彼は二人の富豪に援助を受けて研究を続け，高品質な光学機器の製造技術を磨きました。32歳でベネディクトボアーンの光学研究所の所長になり，バイエルンを高精度の光学機器の設計と製造の中心地に発展させました。彼は当時のガラス職人に多い死因であった重金属蒸気の慢性的な吸入のため，39歳で亡くなりました。

1859年までに，グスタフ・キルヒホッフ（1824～1887）とロベルト・ブンゼン（1811～1899）は，各元素が独自のスペクトル線の組み合わせをもつことを明らかにしました。特定の元素をろうそくの炎で燃やすと，それらは数本の太陽のフラウンホーファー線（暗線），特にナトリウムのD線と一致する線のパターンを生成しました。キルヒホッフは，電気アークなどの光源を使用した実験を行い，ナトリウムのスペクトル輝線《きせん》が太陽スペクトルの暗線と同じ波長で現れるだけでなく，暗線が対応する輝線の光を実際に吸収していることを見つけました。これに基づき，同じ波長におけるすべての元素の放出エネルギーと吸収エネルギーは等しいとするキルヒホッフの法則を打ち立てました。この法則の発見によって，すぐに地球上に存在する元素による輝線と一致する太陽スペクトルのフラウンホーファー暗線の研究が始まりました。

1862年，ウィリアム・ハギンズ（1824～1910）と化学者ウィリアム・アレン・ミラー（1817～1870）によって，スペクトル分析技術は，惑星，星，星雲からの光の分析に広く使用されました。フランスの哲学者オーギュスト・コントは1835年に，遠方の星の化学組成を推測することはできないだろうと述べましたが，ハギンズとミラーはすぐにこの予想が間違っていることを示しました。彼らは，惑星には地球に似たガスが存在するものの，いくつかの重要な違いがあることを発見しました。たとえば，アルデバラン星には，水素，ナトリウム，マグネシウム，カルシウムの元素に対応するさまざまなスペクトル線がありましたが，ベテルギウス星とペガサス座ベータ星には水素がまったく含まれていませんでした。

一部の元素のスペクトルの興味深い特徴は，スペクトル線がしばしば一連の組みで発生することでした。1871年までに，ジョージ・ストーニー（1826～1911）は，白く光るガスの分子がある周期的運動をすることが，ガスの一連のスペクトル線の原因である可能性を提案しました。水素のスペクトル線の規則性に何らかの数学的法則が隠れているという考えは，長年にわたって支持されてきました。しかし，数式化することや，なぜそうなっているかを誰も説明することができませんでした。最終的に1884年に，学校の教師であり，アマチュアの数学者であったヨハン・バルマー（1825～1898）が，多くの試行錯誤を経て，次の数式を導き出しました。

$$\lambda = R\,\frac{n^2}{n^2 - m^2}\ \text{ナノメートル}$$

ここで，Rは定数で実測値は364.5，mとnは整数，各整数の組み合わせ（m, n）は水素原子の波長λの各特定のスペクトル線に帰属します。たとえば，$m = 2$，$n = 3$の場合，いわゆるバルマーアルファ（B_α）線の波長656.5 nmとほぼ同じ，$\lambda = 656.1$ nmが得られます。第3章で説明するように，この関係式の定数Rが，単純な原子の物理モデルを仮定し，ほかの物理定数を使って導出できることが，ヨハネス・リュードベリ（1854～1919）によって示されました。彼は，新しいリュードベリ-バルマー式をほかの単一電子の原子に適用しました。

スペクトル線間の数式，特に整数に基づく関係式の発見は，原子が，化学的性質に加えて，ある特定の波長の光のみを放出するという別の性質があることを意味しました。mとnの値が整数であるという性質のため，ある原子のスペクトル線には特定の波長のみが現れ，ほかの波長は出現しません。この数学的帰結である驚くべき特徴は，非常に重要です。ガリレオとニュートンの時代以来，物理体系は，質量（m），速度（v），加速度（a）など，本質的に連続的な量で表すことができました。たとえば，質量は，いかなる量でもとることができ，任意の数値に置き換えられる連続変数mとしてで表すことができます。これは，系の記述において，不連続な変化が起きない，滑らかに変化する運動として表現されます。傾斜路を転がるボールや太陽の周りを回る惑星は，ぎくしゃくした動きではなく，流れるように動き，同様に，流れるようにエネルギーを獲得したり失ったりするのです。プレミアリーグのサッカー選手は，0.4 kgのサッカーボールに100ジュールの運動エネルギーを与えることができ，また，実数の範囲のすべての数値を当てはめられるため，101ジュールまたは100.00357

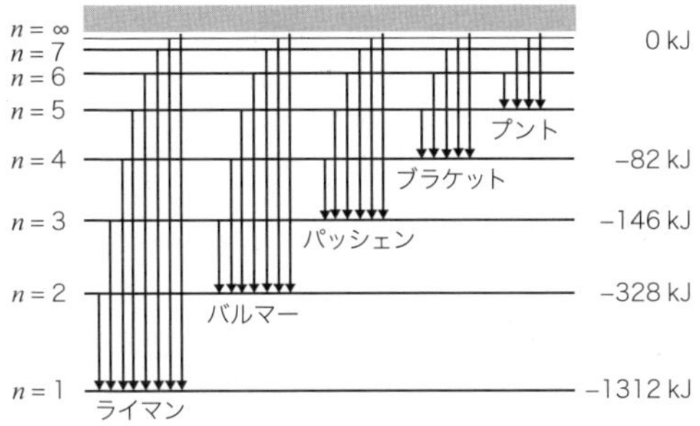

バルマーとリュードベリの原子モデルによる原子スペクトル線。
ライマン系列：$n=1$，バルマー系列：$n=2$ など。

ジュールのエネルギーを与えることもできます。しかし，バルマーとリュードベリの発見では，原子のスペクトル線は，実数の全範囲ではなく，整数を含む式に従っています。これは，原子内部のすべての現象を説明するには，ニュートン力学とは別の法則を必要とし，その法則は未だ明らかでないことを意味しました。ニュートンの物理体系の下では，一つの原子がすべての波長の光を放出することが可能なはずでしたが，原子による光の放出は無制限ではなかったのです。バルマー－リュードベリの関係式を解き明かすには，ドルトンの原子模型の内部でどのような現象が起こっているのかについて，さらなる研究が必要でした。

バルマー－リュードベリの関係式を物理的に説明するための初期の提案の一つは，1867年，ケルヴィン(1824 ～ 1907)の原子の渦モデルです。彼の渦原子論によれば，原子の内部には振動する輪が存在しました。輪は結び目のあるひも状のエーテルで，原子内の結び目の数と形状が輝線とその規則性の原因であると考えました。

一般的な光の理論はジェームズ・クラーク・マクスウェル（1831～1879）により，1865年の論文『A Dynamical Theory of the Electromagnetic Field（電磁場の動力学的理論）』で説明されています。同論文は，「電磁」エ

炭素　酸素　水素

ケルヴィンが提唱した結び目のある原子。原子構造の整数的性質に基づき，原子線の規則性を説明しようとした。

ネルギーの光である連続波を放出する荷電粒子を取り扱いました。のちにハインリヒ・ヘルツ（1857～1894）が，この連続波，つまり電波を観測しました。一方で，マクスウェルの電気力学には，離散（不連続）放射の手がかりを与えるものはありませんでした。不連続な離散スペクトル線を観測する分光法と，マクスウェルの連続的な電磁気学は，どちらの理論だけでも原子の光放射を解明できない，矛盾した見解だったのです。

Key Points

- 初期の物質モデルは，アリストテレスが提唱した，空気，土，火，水などの基本的連続的な媒質であった。
- インドと古代ギリシャでおこった原子論は，物質の特性を備える極小で分割不可能な粒子が存在するという概念であった。
- 分光法の出現により，元素固有の識別標となる周期的で細いスペクトル線を解明するため，原子の内部構造に新たな関心が集まった。
- 化学者たちは，1800年代初頭から膨大な数の元素を発見し，メンデレーエフとマイヤーが，それらの元素を周期表として体系化した。
- 化学者と物理学者の研究に基づいて，いくつかの原子の構造モデルが提案された。正電荷と負電荷が混合した均一なプラムプディングモデルや，高密度な中心核を電子が取り囲むラザフォードモデルがあった。
- 原子による細い単一周波数のスペクトル線の生成は，当時の連続的な物理過程を基礎とした光の発生に関する理論（電磁気学）からは説明できなかった。原子が放出する光は，19世紀末までは未解明だった新しい整数的法則に基づく物理的過程によって発生することを示唆していた。

第2章

量子化

第1章で見てきた原子構造に加えて，物質と光の理論に大変革をもたらす研究がほかの分野でも進みました。きっかけは，鍛冶屋の間ではよく知られていた一見すると単純な現象でした。鉄の棒は，温度が上がるにつれて，赤からオレンジ，黄色，そして白へと色が変化していきます。毎回，温度の上昇に伴いまったく同じ順序で色が変化するのです。色の変化に規則性があるとすれば，どのような自然法則が働いているのでしょうか。

黒体放射曲線

19世紀には，波長ごとの光の強度の正確な測定は技術上の大きな課題でした。1864年，ジョン・ティンダル（1820～1893）は，熱電対列と呼ばれるものを検流計に取りつけて，分散スペクトルの光の強度を測定しました。彼は，加熱した白金フィラメントの色（温度に対応）を，光の強度と比較しました。1879年に，ヨーゼフ・シュテファン（1835～1893）がこれを利用し，加熱面からの放射は温度の絶対値の4乗に比例するという法則を発表しました。ルートヴィッヒ・ボルツマンは，1884年，理論的考察に基づいて同様の法則を導き出しました。これは，現在，シュテファン-ボルツマンの法則として知られています。表面から放射される光のエネルギー量（流束）を表す同法則は，通例，$F = \sigma T^4$として記述されます。ここで，Fはワット/平方メートル（W/m^2）で光の流束，Tはケルビン（K）単位の黒体の表面温度，シュテファン-ボルツマン定数σは，5.670367×10^{-8} Wm^{-2}·K^{-4}

ジョン・ティンダルは，黒体放射スペクトルの光の強度を初めて定量的に測定した。

の値をとります。この単純な方程式から，星の温度と光度に関する天文学上の重要な発見がもたらされます。

星は高温プラズマの球体であり，半径Rと表面温度Tで表すことができます。星から放出される光エネルギーの合計は単純に$L = 4\pi R^2 F$ですから，シュテファン－ボルツマンの法則に基づいて$F = \sigma T^4$を代入すると$L = 4\pi R^2 \sigma T^4$が導かれます。つまり，分光技術を用いて太陽の温度Tを測定し，標準的な天文学の手法を用いて半径Rを測定すると，太陽の光度L（ワット（W））を計算できるのです。たとえば，$T = 5770$ K及び$R = 6.95 \times 10^8$ mの場合，$L = 3.8 \times 10^{26}$ Wです。光度は星の半径によって決まるため，分光学的に太陽と同じような温度の二つの星が，大きく異なる光度を有する理由が説明できます。たとえば，みずがめ座α星の温度は5200 Kですが，その半径は太陽半径の77倍なので，光度は太陽の3000倍です。

加熱された物体が出す放射スペクトルの詳細な形については，波長の範囲にわたって正確な強度測定を行える技術の発展を待たねばなりませんでした。このレベルの精度は1890年代に利用可能になり，ヴィルヘルム・ウィーン（1864～1928）が「黒体」からの放射スペクトルを測定しました。黒体とは，放射を完全に吸収する物体で，そのような物体を想定した場合，外観は非常に黒くなると考えられるためそう呼ばれます。1860年より前から，物体が放出する放射量と吸収する量が等しいことはすでに知られていました。1859年，グスタフ・キルヒホッフ（1824～1887）はさらに一歩進んで，どの

グスタフ・キルヒホッフは，すべての波長において完全な吸収体は完全な放射体であるという原理を発展させた。

完全な黒体においてもすべての波長で一致する，普遍的なスペクトル放射輝度の関数を提唱しました。これはキルヒホッフの放射の法則として知られています。1895年，ウィーンは，注意深く温度を調整しオーブンで黒体をつくり，内部の放射を逃がすことができるとても小さな穴を開けました。放射を回折格子に通過させ波長を分解してから，次に高感度の検出器で分散スペクトルごとに測定し，黒体放射の強度を記録しました。彼はこれらの研究によってキルヒホッフの普遍的なスペクトル放射輝度の関数の形状を解析したのです。

黒体の温度と最も明るい光度の波長との関係は，1893年にウィーンによって発見され，ウィーンの変位則として，$\lambda = b/T$と表されます。λは100万分の1メートル（マイクロメートル（μm））単位のピーク波長，Tはケル

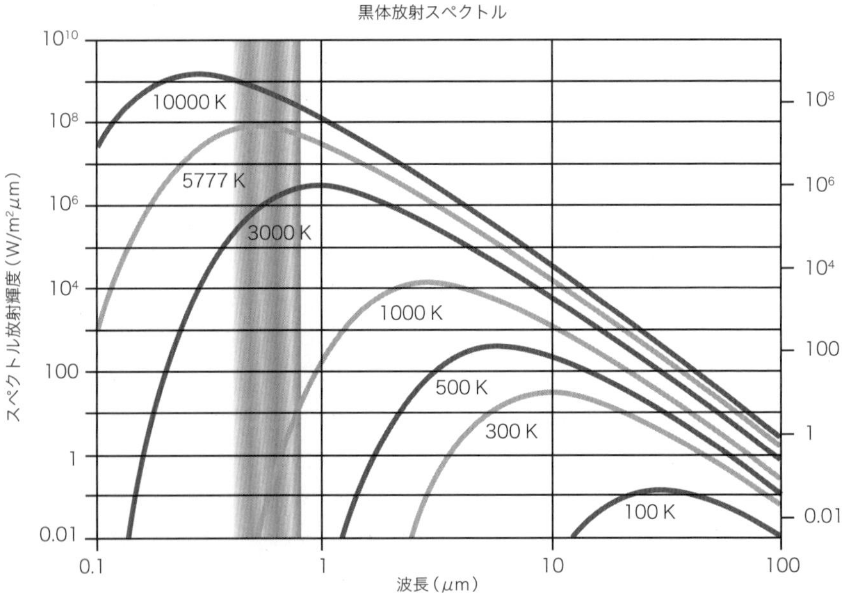

黒体放射の強度は，温度によって変化する。温度が上がるとともに放射のピークは短い波長にシフトする。

ビン（K）単位の絶対温度，定数bは2898 μm-Kです。たとえば，太陽からの光はピーク放射が約0.5 μmなので，その温度はT＝2898/0.5＝5796 Kです。

このスペクトル放射輝度の公式を数学的に解明しようとする考察が行われました。ウィーン自身は，熱力学の議論を用いて，現代的な表記法で次のような式を発表しました。

$$I(\lambda,T) = \frac{2hc^2}{\lambda^5}\, e^{-\frac{hc}{\lambda kT}}$$

cは光速，kはボルツマン定数，hはプランク定数です。ウィーンの公式は見事に成り立ちましたが，長波長の放射の強度を正確に推定することがで

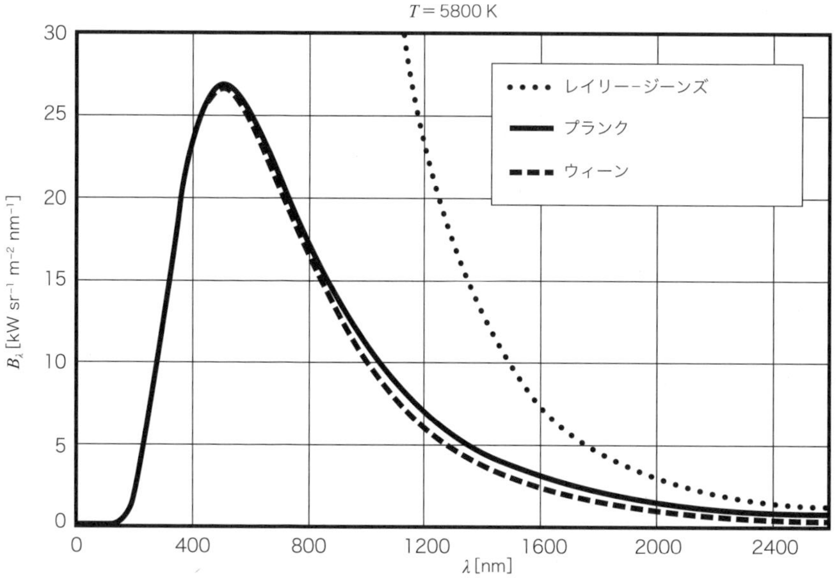

プランクの法則に基づいて計算されたT＝5800 Kでの黒体放射スペクトルと振動数νの関係。波線と点線は，ウィーンとレイリー−ジーンズの近似。

きませんでした。1900～1905年の間に，レイリー卿（1842～1919）とジェームズ・ジーンズ（1877～1946）は，新しい放射強度の公式であるレイリー-ジーンズの法則を発表しました。これは，長い波長において成り立つ近似でした。しかし，紫外線のような短い波長ではまったく成り立たず，紫外発散しました。

$$I(\lambda,T) = \frac{2ckT}{\lambda^4}$$

ウィーンの考案した式は，短波長において，黒体からの光の強度を正確に計算できましたが，長波長では機能しませんでした。一方で，レイリー-ジーンズの法則は，長波長の黒体放射では機能しましたが，短波長にはあてはまりませんでした。19世紀末の数十年間，多くの物理学者が黒体放射スペクトルを表す唯一の数式を見つけようと研究に取り組み，最終的に，1900年になって，マックス・プランク（1858～1947）が，この現象を正しく説明することが可能な数学的理論を発見しました。ただ，この新しい理論には問題がありました。マクスウェルの電気力学の研究において，それまでの理論は光を連続的な現象であると仮定していました。その仮定に従い，各波長の放射量を計算するために黒体の中に仮想的な放射体（振動子）の数を数学的に計算すると，振動子の数が無限となってしまいます。この計算には，微積分，特に連続変数の積分が必要で，より短い波長の計算を行うと合計が発散するのです。そのため，プランクはこの計算方法をとらず，数学的に正しく機能し短波長における有限の和を導くために，「量子化」の手法を発明し，光をエネルギーの塊（量子）として扱いました。

それぞれの光量子は$E = h\nu$で与えられるエネルギーをもち，プランク定数h（6.626 × 10^{-34}ジュール秒（J・s））に光の波の振動数νをかけて，光量子のエネルギー量となります。たとえば，振動数が10^{15}サイクル/秒（へ

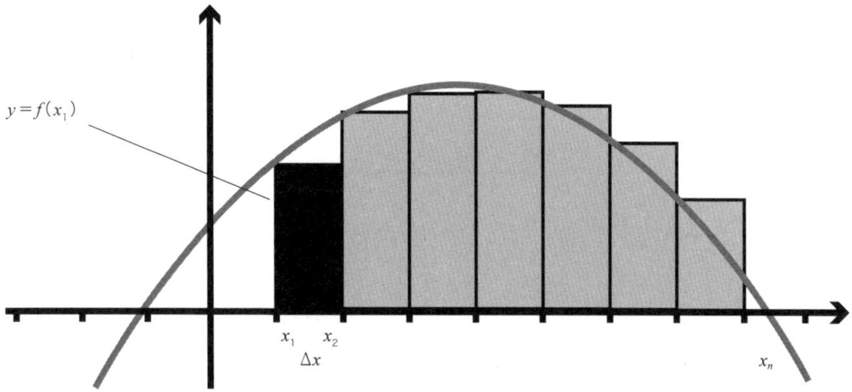

プランクの解は，積分計算で得られる滑らかな合計を離散的な和に置き換えていると解釈できる。積分計算（光を連続的な現象であるとした仮定）では，固有の振動数で黒体放射を発する振動子の数を過大評価し，高い振動数で和が発散する。

ルツ：Hz）の普通の光は6.6×10^{-19} Jのエネルギーを有し，振動数100メガヘルツ（MHz）の電波の光量子は1000万倍少ない量子エネルギーを有します。このエネルギー量はごくわずかに思えますが，7×10^{-19} Jをもつ紫外線光量子を継続的に浴びると皮膚がんになります。

光はエネルギー$E=h\nu$をもつと仮定し，各エネルギーに存在する光の数を数学的に量子化することによって，プランクは，短波長でウィーンの近似式に，長波長でレイリー－ジーンズの近似式となる唯一の公式を発見しました。これを黒体放射に関するプランクの公式（関数）と呼び，次のとおり与えられます。

$$B(\lambda,T)=\frac{2hc^2}{\lambda^5}\left(\frac{1}{e^{\frac{hc}{\lambda kT}}-1}\right)$$

式のかっこ内の係数は，温度Tで$E=h\nu$のエネルギーをもつ離散的な光の量子を数えることで生じます。光の波長が非常に小さい場合，指数関数の部分が非常に大きくなるので，結果として上記の式はウィーンの公式に似た式となります。波長が非常に大きい場合は, 上記の式はレイリー-ジーンズの公式に近くなるのです。

マックス・プランク

マックス・プランク（1858～1947）はミュンヘンの学校に通い，そこで数学と物理学に興味をもつようになりました。彼は熟練した歌手でもあり，ピアノとチェロのための音楽を作曲していました。プランクは1924年の講義で，大学時代に「ほぼすべてのことはすでに発見されている」ため物理学を研究することは無意味である，とアドバイスされたと振り返っています。彼は，1880年に，温度が異なる物体の熱力学に関する博士論文を発表し，1894年には，黒体放射の研究を行いました。彼は当初，統計的な原理の適用に疑念を抱いていましたが，何回もの失敗を経て，量子化の原理にたどり着きました。黒体放射スペクトルを数学的に導くためにほかに選択肢がなく，失望の淵から量子化の発見へとだどり着いたのです。

プランクの発見は多くの物理学者にとって非常に厄介でした。17世紀のクリスティアーン・ホイヘンス（1629～1695）と19世紀のマクスウェルの研究により，光が明確な波動現象であることに議論の余地はなかったからです。光が粒子のようだとは考えられませんでした。プランクでさえ，このアイデアに100％の確信を抱いていたわけではありません。彼は量子化の数学的手法を発明しましたが，この手法は，現代の表現でいえばソーセージのパッケージや6本パックのビールを購入するようだと推測していました。実際には固有の量子化された肉やビールは存在しないものの，便利なパッケージに入れることで, 物々交換できるということです。これは，ボルツマンが熱と熱力学の研究において数学的な解の研究を進めるために物質の原子モデルを使ったことに似ています。ただし，ボルツマンは原子の実存を確信していましたが，プランクは光の量子について確信をもっていませんでした。

光電効果と光の量子化

光が量子化されるという認識は，アルバート・アインシュタイン（1879～1955）が1905年に光電効果に関する研究を発表するまで定着しませんでした。プランクにとって，量子化は光エネルギー分布の正しい式を導出するための数学的トリックにすぎませんでした。しかし，アインシュタインにとっては，トリックなどではなく，量子化は自然界の本質的な現象でした。同一の現象である光が，ある条件下ではマクスウェルの連続電磁波として，別の条件下ではプランクの粒子のような量子として現れるのはなぜでしょうか。歴史家ジェラルド・ホルトンの1988年の論文『The Roots of Complementarity（相補性のルーツ）』の引用によると，アインシュタインは，1924年に「現在，二つの光の理論が存在し，両方とも正確である。しかし理論物理学者の20年にわたる莫大な努力にもかかわらず，両者が論理的につながらないことを認めなくてはならない」と述べています。

ここで，プランクの研究やキルヒホッフの光の普遍的なスペクトル関数の形の問題とは別に，光がどのように物質と相互作用するかを理解するためのまったく別の研究が進んでいました。この研究は，1839年，エドモン・ベクレル（1820～1891）が，一部の材質は光の照射を受けて電圧が上昇するという光起電力効果を発見したところから始まりました。これに基づいて，1873年にウィルビー・スミス（1828～1891）がセレンの光伝導性を発見し，太陽光から電気を生成する最初の光電池を発明しました。

1887年，ハインリヒ・ヘルツ（1857～1894）は，電波の火花送信機を暗い箱の中に置いて火花を観察しやすくすると，火花を発生するためには間隙を狭くする必要がありましたが，紫外線を照射すると間隙を広げられること（つまり火花が発生しやすくなること）を発見しました。いわゆるヘルツ効果はヘルツ自身が探求したものではありませんが，紫外線と物質の相互作用と光電効果の発生に関して多くの研究が行われました。まず発見されたのは，光がある金属の表面を照らすと，電子が放出され，この電子のエネルギーは光の振動数に依存し，光の強度には依存しないということでした。この結果は，古典的な光の理論とは矛盾するものでした。古典理論からは，表面に当たる光の強度が高いほど，より多くのエネルギーが電子に供給されるため，電子のエネルギーは光の強度に比例すると予測されていたのです。

物質ごとに，光電効果の発生に，しきい値がありました。光の振動数が低くなると，光の強度にかかわらず，表面から電子を放出させることができなくなります。逆に，ある決まった振動数を超えると，電子が放出され，電子の数は光の強度に依存します。しきい値以上では，放出された電子のエネルギーは光の強度によって変化しません。しきい値を超えた分の光の振動数のみが電子エネルギーに関係していたのです。1904年までに，光の振動数と電子のエネルギーの関係は精度よく測定されましたが，古典的な電磁波理論を用いて，光についてこの現象を解明する

ハインリヒ・ヘルツの電波の研究は，光電効果を予測させる現象を発見した。

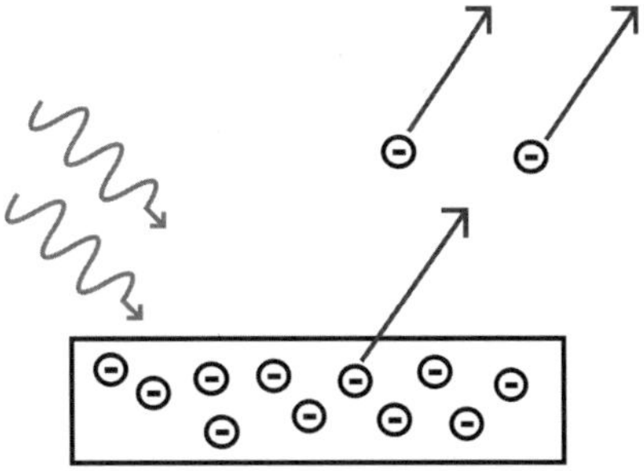

光電効果において，電子は，光の強度と関係なく，入射光子のエネルギーが物質の臨界エネルギーに達した場合に放出される。

ことはできませんでした。

1905年，アインシュタインはプランクの光量子のアイデアを使って，光のエネルギーは実際に$E=h\nu$の関係式に従って量子化されていて，この光の性質（量子化）によって光電効果が起きる理由を説明できると発表しました。すべての物質には固有のしきい値エネルギーWがあり，電子のエネルギーがこのしきい値エネルギーを下回る場合は，電子は物質に閉じ込められたままです。しきい値は，$E=h\nu$の関係式により光のエネルギーに対応した臨界振動数（もしくは波長）に置き換えられます。個々の光子がW未満のエネルギーで電子と相互作用する場合，光電効果は起こりません。しかし，光子が$W=h\nu$によって決定される臨界値より大きい振動数を有する場合，電子はその差（$E-W$）に等しいエネルギーをもって飛び出します。飛び出す電子の数は，臨界エネルギーWを超える光子の数に依存します。そして，光子の強度の増加は，電子流を変えるだけで，電子自体のエネルギーを変えるものではありません。

アインシュタインは，相対性理論ではノーベル賞を受賞しませんでしたが，光電効果に関する研究で，1922年のノーベル物理学賞に輝きました。アインシュタインは，自然が量子化されるという概念を好ましいとは思っていませんでした。しかし，物質の光電効果に関する彼の理論は，プランクの光量子の概念を自然の真の性質として適用し，量子革命の先駆者となったのです。

アルバート・アインシュタインは，マックス・プランクによる光エネルギーの量子化の帰結として光電効果を初めて説明した。

Key Points

- 黒体は，キルヒホッフの法則に従って，電磁放射（光など）を放出する物体である。当たったすべての光を完全に吸収し，固有のスペクトルの形で光を再放出する。
- 黒体放射曲線は，ある一定の温度で光が黒体と熱平衡にある状態により決まる。放射スペクトルの形は黒体の温度のみに依存する。
- プランクは，光自体がエネルギーの断片に量子化されると提案し，この効果を説明した。しかし，彼は，量子化は計算を容易にするための数学的なトリックにすぎないと考えていた。
- アルバート・アインシュタインは，物質がある特定の場合に電子を放出する光電効果という現象を説明することによって，光が量子化されることを証明した。
- ウィーンの変位法則は黒体の温度とピーク放射が起こる波長の相関性を示した。
- シュテファン－ボルツマンの法則は，黒体から放射される光の強さと温度の相関を示すもので，光の放射と星の明るさの関係を理解するためにとても重要な関係式であった。

第3章

物質波

前章で見たとおり，1905年に，アインシュタインは，光のエネルギーはプランクの$E = h\nu$に従って実際に量子化しているという理論を発表しました。当時，原子の最新モデルは，ジョセフ・ジョン・トムソンが提唱した，正電荷と負電荷が均一に混在して原子を構成するプラムプディングモデルでした。1911年には，正に帯電した重い原子核を電子雲が取り囲むラザフォードモデルが主流となりました。そして，ボーアがこのモデルのイメージを，軽い原子において電子が数個の惑星のように原子核の周りを回る図へと書き変え, 人々の想像力をかき立て注目を集めました。以来，このラザフォード−ボーアモデルは，原子のシンボルとして，さらには「原子」エネルギー（より正確には核エネルギーだとしても）のシンボルとしても広く使用されています。

ラザフォード−ボーアの惑星型原子モデルは，その後に発見された陽子と中性子を原子核の中に加えて改良されました。今日，私たちが学校で学び，頭の中でイメージしているシンプルな原子モデルの登場です。このモデルには，元素の性質と化学的組成を説明するための適切な要素がすべて揃っていました。原子の質量Mは, 核をつくる正に帯電した陽子の数（Z）と中性の中性子の数（N）の合計$M = Z + N$です。陽子の総数（Z）にあわせて原子番号Zがつけられ, 元素の化学的性質が決まります。アンリ・ベクレルが発見し，マリー・キュリーとピエール・キュリーが詳細に研究した放射性崩壊は, ZとMに影響を与えます。核からアルファ粒子を放出する元素は，その放出によって原子番

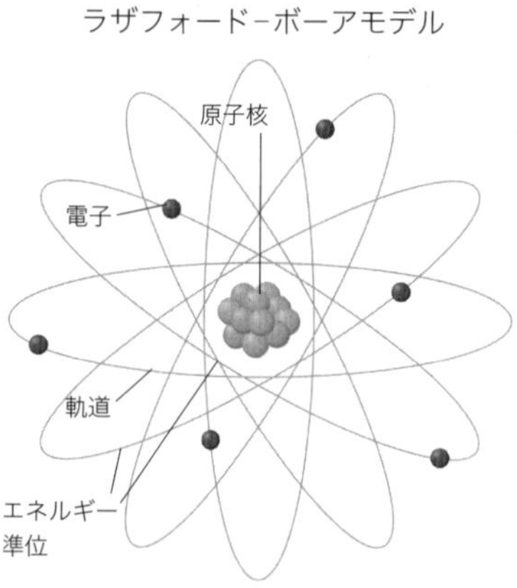

核の中性子と陽子を含むラザフォード−ボーアの原子モデル。

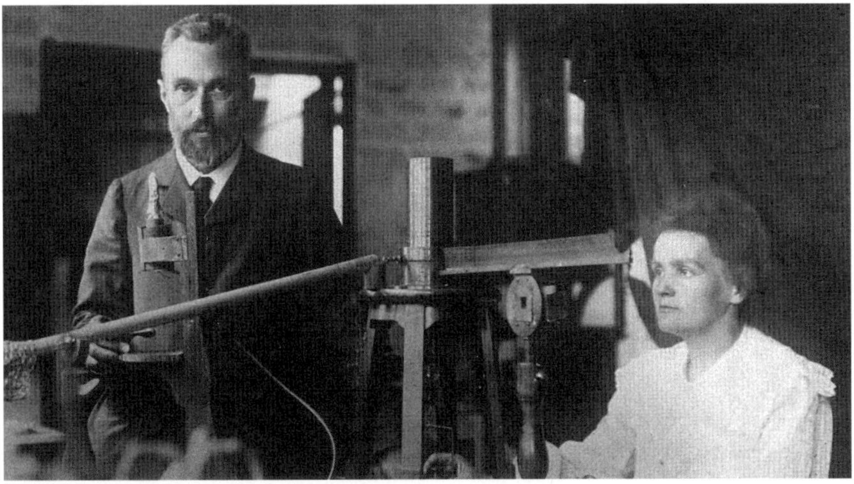

放射性原子の性質を発見したピエール・キュリーとマリー・キュリー。

号$Z-2$, 原子質量$M-4$のより軽い元素へと変化します。アルファ粒子は$Z=2$と$M=4$のヘリウム原子核そのものです。質量$M=235$のウラン（$Z=92$）はアルファ粒子を放出し質量$M=231$のトリウム（$Z=90$）へと崩壊します。この崩壊には約7億年かかります。一方で，純粋な化学反応は，軌道電子の数と配置のみが影響を受けます。

驚くべきことに，原子はほとんど空洞のようなものです。原子は通常，直径が約10^{-8} cmで，オングストロームという長さの単位の大きさです。これに対して，原子核はその10万分の1で，10^{-13} cmしかなく，フェルミという長さの単位の大きさです。原子をフットボールのサイズに拡大すると，原子核はその中心にある砂粒より小さいくらいです。しかし，電子の質量は陽子より1/1836倍小さいため，原子核が原子のほぼすべての質量を占めています。

ボーア軌道と運動量の量子化

ラザフォード－ボーアの惑星のような電子をもつ原子モデルは，直感的には美しいのですが，深刻な問題がありました。二つの電荷の間に静電気力が働き，正電荷と負電荷は大きな静電加速を受けます。つまり，電子が非常に大きな加速度を受けるのです。まず，二つの電荷Qとqの間には，下記の静電気力がクーロンの法則で与えられることに留意してください。

$$F = k\,\frac{Q\,q}{r^2}$$

kはクーロン定数（8.99 × 10^9 ニュートンm^2/C^2），Qとqはクーロン（C）単位の二つの粒子の電荷，rはメートル単位の両者の距離です。水素原子の電子と陽子の場合，$r = 10^{-10}$ m，$|q| = |Q| = 1.6 \times 10^{-19}$ Cなので，二つの電荷間の力Fは2.3 × 10^{-8} ニュートンです。これは，質量mが9.1 × 10^{-31} kgの電子が，$F/m = 2.5 \times 10^{22}$ m/s^2の加速度を受けることを意味します。マクスウェルの電気力学を適用した簡単な計算によれば，この大きさの加速度を受ける電子は，大量の電磁エネルギーを放出するはずです。その結果，0.01マイクロ秒以内に，すべての電子が原子核に落ちて壊れてしまいます。惑星の原子モデルは，電子が完全に不安定なのです。

量子効果を導入した新しい原子の理論を発展させたニールス・ボーア。

二番目の問題は，この軌道の放射線崩壊は，振動数が絶えず増加する連続放射スペクトルに従うことでした。これはマクスウェルの電気力学理論に沿ったもので，受ける加速度が時間的に一様である場合，光の放出が突発的に起こることはありません。つまり，軌道を周る電子が放出する光は，分光学上100年にわたって観測されてきた特定の振動数における非常に細い原子のスペクトル線を，再現できないのです。1913年，ボーアは，プランクとアインシュタインの光量子のアイデアを惑星型の電子モデルと組み合わせることで，二つの問題を一気に解決しました。しかし，新たに非常に不可解な法則を原子物理学に加えることになりました。

ボーアは，惑星が特定の経路で太陽を公転するのと同じように，電子が離散軌道で原子核を周ると提唱しました。電子はこの軌道内に限って，強力な核の静電界によって常に加速されているにもかかわらず，奇跡的に電磁エネルギーをまったく放出しません。この安定した軌道の一つに存在する電子は，元の軌道と遷移先の軌道のエネルギーの差に完全に等しいエネルギーの光量子を放出または吸収することによって，別のエネルギー準位の軌道に突然遷移できるのです。

各定常軌道の位置は，各軌道上の電子の角運動量が$L = nh$の単位で量子化されるというボーアの条件によって決定されます。ここで，nは整数，hはプランク定数です。惑星の公転周期の２乗は軌道長半径の３乗に比例するというケプラーの第３法則に従う惑星の運動と比較すると，電子軌道は，軌道周期の２乗（T^2）が原子核からの距離の３乗（a^3）に比例することになります。ボーアはこの関係に基づき，バルマーが発見したスペクトル線放射の式を導く，矛盾がない水素原子のモデルをつくりました。実際，その結果はバルマーの公式を完全に再導出したのでした。比例定数（リュードベリ定数Re）は，もはや実験的に推定する必要はな

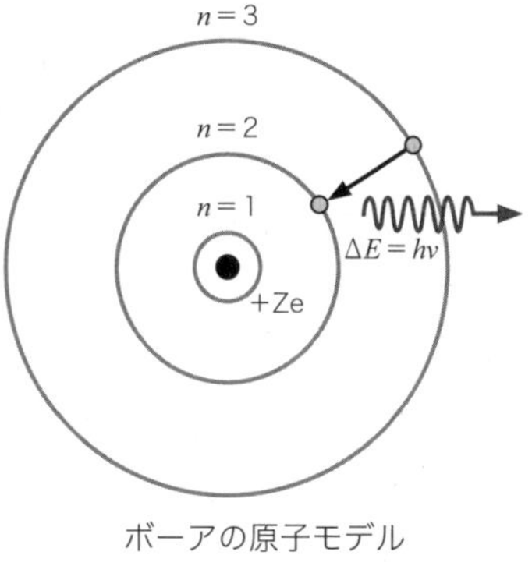

ボーアの原子モデル

く，ほかの物理量から直接計算できるようになりました。リュードベリ定数は次の式で定義されます。

$$Re = \frac{Z^2 (ke^2)\, m}{h^2}$$

kはクーロン定数，eは電子の電荷，mは電子の質量，Zは原子の原子番号，

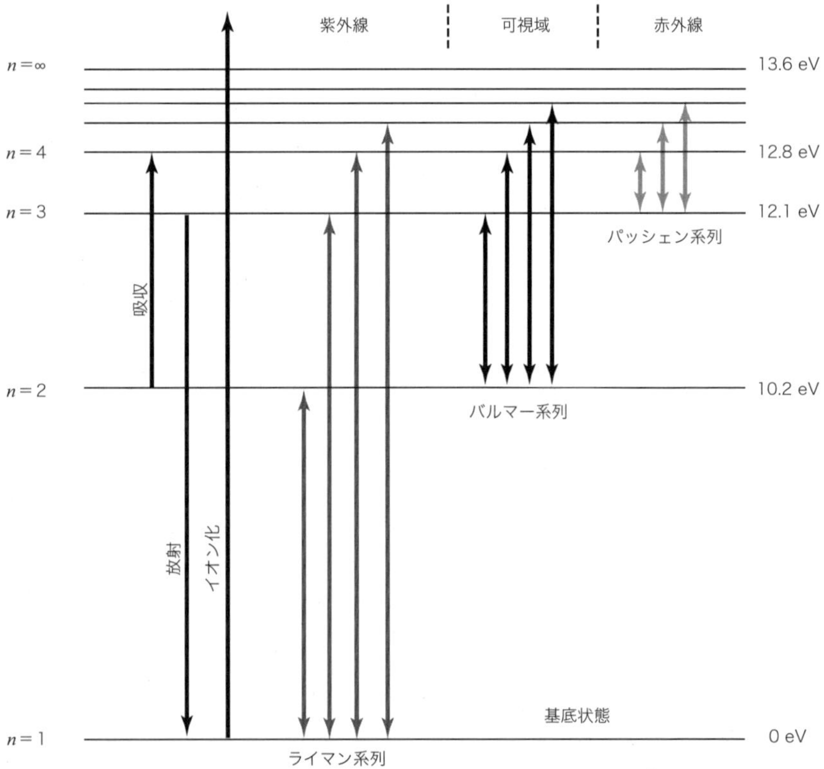

図は，水素原子の主要なエネルギー準位と，スペクトル線の系列とエネルギー差の関係を示す。たとえば，バルマー系列の最初の輝線バルマーアルファ（H-α）は，電子が12.1 eVから10.2 eVのエネルギー準位に移ったときに生成される。この1.9 eVのエネルギー差は，量子条件$E = h\nu$に基づき，振動数$\nu = 4.57 \times 10^{14}$ Hz，波長$\lambda = 656.45$ nmのスペクトル線を生成する。

hはプランク定数です。適切な値を代入して計算すると，$Z=1$の水素原子の場合，$Re=2.2\times10^{-18}$ Jです。このエネルギー量は非常に小さいので，1 eV $=1.6\times10^{-19}$ Jとなる電子ボルト（eV）というエネルギー単位を物理学者は使用し，$Re=13.6$ eVとなります。単一の光子がこれと同量のエネルギーをもつ場合，水素原子から電子が完全に放出され，中性だった原子が完全にイオン化されます。$E=h\nu$を用いれば，このエネルギーの光子は91.2 nmの波長であることがわかります。この波長をライマン端と呼びます。より長い波長の光子は，水素原子をイオン化するエネルギーはありませんが，ライマン端よりも短い波長の紫外線スペクトルの光子は，水素原子を完全にイオン化してプラズマ状態をつくり出すことができます。この現象は，オリオン大星雲などの発光星雲と呼ばれる天文系によく見られます。

ボーアの原子モデルは，水素原子に関してはうまく機能しましたが，電子が複数存在し相互に作用して簡単に量子化できない複合的な軌道をもつ多電子原子に対しては，複雑かつ不正確になりました。そこで，これらの軌道殻には複数の電子が存在し，同じ殻内の電子は相互作用しないという考えを追加することで，より重い水素型の原子がもつスペクトルの基本的な特徴を再現することができました。また，電子殻は，より外側の別の電子殻に対して，中央の原子核の正電荷の作用を遮蔽《しゃへい》する効果があります。

ニールス・ボーア

ニールス・ボーア（1885～1962）は，学部生であった1905年に液体の表面張力測定の全国大会で優勝し，1911年には金属中の電子理論を研究した博士論文を書きました。画期的な論文でしたが，デンマーク語で書かれていたため，あまり注目されませんでした。彼は，原子構造の研究の本場イギリスへ渡り，アーネスト・ラザフォードの下で，ラザフォードの重原子核モデルとプランクの量子化のアイデアを組み合わせて，水素原子のスペクトル線パターンを解明する原子モデルをつくりました。その後，1919年からは対応原理の研究に邁進《まいしん》し，1922年にノーベル物理学賞を受賞しました。

多電子原子の構造予測が不正確であるにもかかわらず，ラザフォード-ボーアモデルは20世紀の化学者の間で大きな影響力をもち，何十年にもわたり物理学者や教育者にとって有用な自発研究を促す原子モデルでした。核の中身に陽子と中性子を加えた彼の原子モデルは，今日でも学校で生徒が最初に学ぶのに適しています。しかし，このモデルの最も不可思議な要素は，電子そのものの振る舞いにありました。

電子構造

1939年10月のBBC放送で，ウィンストン・チャーチルは，ロシアについて「謎の中の神秘に包まれた謎」であると述べましたが，電子にもこの表現が当てはまります。電子も，電磁場の中に覆われ，神秘的な原子の中に含まれているのです。20世紀初頭には，この基本粒子の研究にはさらに奇妙な側面があることがわかってきました。

1901年のウォルター・カウフマン（1871～1947）とアルフレッド・ブヘラ（1863～1927）による実験の結果は意外なものでした。荷電粒子の速度が増加する際の質量の増加量は，1800年代半ばに発展したマクスウェルの電気力学理論に基づいて予測された電磁質量と同一だったのです。つまり，電子の質量（現代の値で9.11×10^{-31} kg）は，その電磁場によって完全に定まっているということです。実験結果からわかったことは，測定された質量を付与すべき「ニュートン」物質の硬い塊（質量）が，電子の中に存在しないということでした。

アンリ・ポアンカレは，電子の構造モデルを硬い球体と考えた。

電子質量がその電磁場だけによって生じている場合，電子構造を正しく理解するには，どのように考えればよいでしょうか。1904年には,電子は，海に覆われた惑星のように電荷を表面に帯びる小さな球体だという考えが流行しました。しかし，そう仮定した場合には，巨大な静電反発力によって引き離されずに，電子をまとめている何かが必要になります。フランスの物理学者で相対主義者のアンリ・ポアンカレ（1854～1912）は，電子内の補う力によって電子がひとまとまりに保持され，移動時に完全に固まると想定することで,この問題を回避しようと試みました。このアイデアは，綿密な数学的分析の結果，欠陥があることがわかりました。そのような大きさのある硬い物質は，アインシュタインの特殊相対性理論が提示する厳格な予測とまったく相容れません。この種の物質は，実験で観測者の絶対運動を示すことはできないとする相対論的不変性の基本原理に反します。異なる座標系において異なる軌道を運動する観測者から見ると，電子の形が異なることになり，アインシュタインの相対性原理に反するのです。

ドイツでは，ヴォルフガング・パウリ（1900～1958）が，電子構造は物理学において最も緊急性の高い問題の一つであると確信し，多くの時間を割いて研究に没頭しました。最終的に，彼は，電子の内側の空間はその外側の空間とは何らかの形で物理的に異なっているかもしれないと結論づけました。自然な境界線は，電子のコンプトン半径（2.8×10^{-15} m）と呼ばれ，そこでは，電界の静電ポテンシャルエネルギーは電子の静止質量に等しくなります。これは，アルバート・アインシュタインの理論とはあまり相性がよくありませんでした。彼の特殊相対性理論と一般相対性理論では，空間と時空は，どこに位置していても連続的で分割できないことが前提でした。さらに，高速粒子に関するアインシュタイン方程式は，それらが特定の方法で質量を獲得することを示していました。速度とともに増加する電子質量の測定は，電子の質量が純粋に電磁的で完璧に点状であるという性質と完全に一致していました。

したがって，20世紀の初めまで，最も単純な電子の描像は，消えるような小さな粒子や物理的次元がゼロの数学的な点として表されました。厚みのある面はなく，空間の特定の点に固定された電磁エネルギーの太い結び目があるだけです。点状粒子という概念が現実に何を意味するのか誰にもわかりませんでしたが，このエネルギーの結び目は質量と電荷を有していました。原子の外側では，電子は磁場を発生する連続的な電流をつくりますが，原子の内側では，電子は離散スペクトル線を放出する介助役のような存在だったのです。

物質波（ド・ブロイ波）

ラザフォード－ボーアの原子モデルが登場する頃には，光は，波動性と粒子性の両方の性質をもつと考えられていました。波動性によって電磁気の計算を，粒子性を使って黒体とスペクトル線放出の量子計算を，両方とも行うことができました。波動－粒子の二重性を論じることは，とても厄介なことでした。厳密な実験条件下で，同じ現象（光）が，光の生成を伴うタイプの物理問題を検討する場合に粒子性が現れ，別のタイプの問題を扱う際には干渉や回折などの波動性が現れることが明らかだったからです。アインシュタインは1938年に「どちらかの理論を適用して差し支えない

ルイ・ド・ブロイは，物質の波動性を提唱し，量子力学と原子理論に革命をもたらした。

場合もあれば，ときには必ず一つの理論を適用し，ときには必ずもう一方の理論を適用しなければならないかのようである。私たちは新しいタイプの困難に直面している。二つの相反する現実の状態がある。二つの理論は，個別ではどちらも光の現象を完全に説明できないが，二つを伴わせれば，完全になる」と述べています。さらに奇妙なことは，物質は，光のように波動−粒子の二重性を有していないように見えます。それとも，物質も二重性をもつのでしょうか。

実験結果は，一貫して物質が完全に粒子であることを示してきたので，物質と光の対称性が破れているように見えました。一方で，前節で述べたように，純粋な電磁気的実体としての電子の性質は，電気力学と一致する波動の記述を必要としていました。ここで，ルイ・ド・ブロイ（1892～1987）が，1924年の博士論文で物質にも二重性があるかという論点を研究し，驚くべき結論を発表しました。彼は，「波動力学の基礎的概念を1923～24年に考えついたとき，アインシュタインが1905年に光の粒子説で光子に導入した波動性と粒子性の共存を，すべての粒子に普遍的な特性とすることで真の物理的統合を目指した」と述べています。

二つの重要公式の単純な数学的な操作によって，ド・ブロイは，粒子の

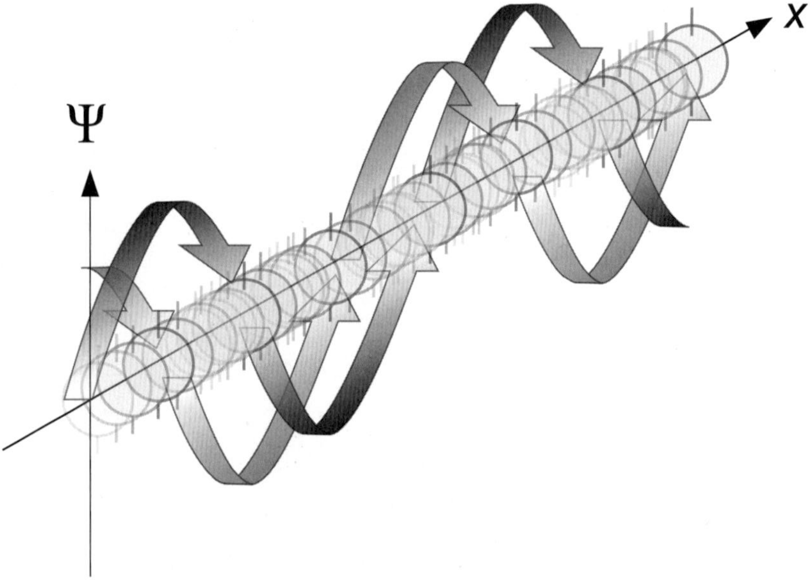

ド・ブロイは，物質を実際に波のような物体として振る舞わせる波を提案したが，それ自体が物質の波とは考えていなかった。

運動量$p=mv$とそのプランクエネルギー$E=hc/\lambda$は，代数を少し使って$E=mc^2$を$E=p/c$，$p/c=hc/\lambda$へと書き直せることを発見しました。したがって，$\lambda=h/p$が導かれます。運動量pの質量をもつ粒子は，波長λをもつと認識されました。たとえば，電圧差100 Vの静電コンデンサのプレート間を移動する電子は，1.6×10^{-17} Jのエネルギーに達し，速度は6×10^6 m/sとなります。質量が9.1×10^{-31} kgの場合，運動量は$p=5.4\times10^{-24}$ kg m/sです。ド・ブロイ波の公式を適用すると，プランク定数$h=6.6\times10^{-34}$ m^{2}kg/sから$\lambda=1.2\times10^{-10}$ mの波長が得られます。物質波の効果には明確な制限がなく，人間（$\lambda=5\times10^{-36}$ m）などの巨視的な物体にも適用できます。

ド・ブロイの発見から数年後の1927年，クリントン・デイヴィソン

（1881 ～ 1958）とレスター・ガーマー（1896 ～ 1971）は，ニッケルの結晶の表面に低速の電子を当てると，電子がX線と同じ回折パターンを示すことを発見しました。現実に，物質が明確な波動の性質を示したのです。1999年，ウィーンの研究チームは，推定波長2.5ピコメートルのC_{60}などの炭素原子で構成されるフラーレンと同じ大きさの分子の回折実験を行いました。質量10,123 amuの810の原子からなる分子を含む最近の実験でも，この物質波の効果が確認されています。物質には確かに波の属性があるのです。

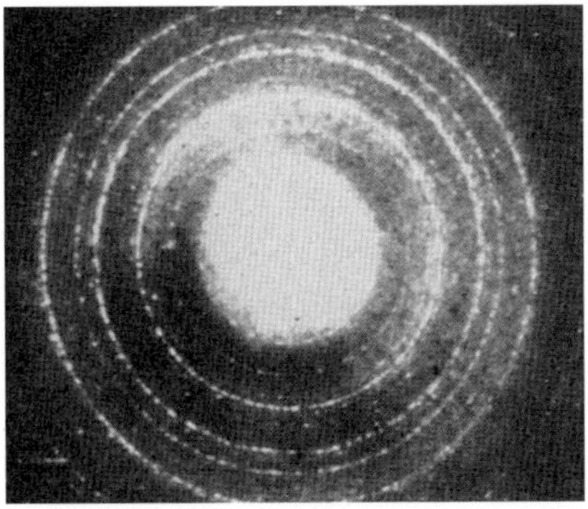

電子は光の波のように回析される。（写真は酸化アルミニウムの結晶による回折）

　ド・ブロイの物質波の概念を最初に応用したのは，原子内の量子化された軌道の説明でした。軌道の円周上に整数倍の波長をもつ電子の物質波を置くことで，各軌道が明確に定められました。ほかの位置では電子の物質波がそれ自身と干渉し定常波となりません。この理論に基づいて，ボーアは原子の改良モデルを考案し，電子軌道を自然に説明することができまし

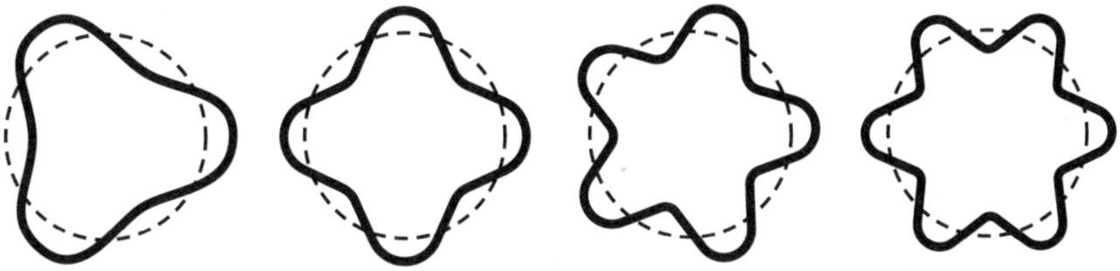

ド・ブロイの電子の波は，原子内の電子軌道が波の相互干渉が起こらない位置においてのみ存在する。

た。特に，1913年のボーアの原子モデルで示したように角運動量を量子化する必要性を解明できたのです。

ド・ブロイの物質波は，$2\pi r = n\lambda$（n＝1，2，3……）という量子化条件を導きました。ド・ブロイ波長$\lambda = h/p$を代入すると，$2\pi r = nh/p$，したがって$mvr = nh/2\pi$となります。これは角運動量が量子化されていることを表しています。

Key Points

- ボーアの原子モデルは，電子軌道が特定のエネルギー間隔でしか存在しない理由を説明するために，運動量量子化のアイデアを取り入れた。
- ボーアの原子モデルは，水素のスペクトルに特定のスペクトル線しか現れない理由を初めて説明した。しかし，より複雑な構造の原子のスペクトル線を説明することはできなかった。
- ド・ブロイの物質波の発見により，光と物質の両方が波動–粒子の二重性を共有し，ボーアの軌道量子化の解明につながった。
- 電子構造の難問は，電子が波と粒子の両方として振る舞いながら，隠れた質量をもたない，電磁気的特性によって決まる点状粒子でなければならないことであった。
- デイヴィソンとガーマーの電子回折の実験は，電子が波動性を有することを証明した。ひいては，人間を含むすべての形態の物質がこの量子性をもつことが明らかとなった。

第 4 章

波動関数と量子状態

物質が波の属性をもつという概念が実証されたことで，ラザフォード–ボーア原子モデルは技術的に改良されました。しかし，多電子原子に対する問題がすべて解決されたわけではありませんでした。経験的で発見的な理論の寄せ集めの中から，物質波と光の量子化の根源的解釈を探求し，ニュートンの重力力学，マクスウェルの電気力学，アインシュタインの相対性理論のような単一かつ綿密な理論へと発展させることが必要でした。ここで，物理科学の中で最も革命的なアイデアの一つが登場します。ただし，詳細な数学的解説なくしては，一般の読者に正確な説明をすることが最も難しいアイデアでもあります。

オーストリアの物理学者エルヴィン・シュレーディンガー（1887～1961）は，物質波を，より数学的に厳密に原子構造へ適用することに成功しました。1926年に発表された彼の研究は，物質波が時間と空間においてどのように展開するかを表す優美な方程式でした。この方程式は，よく知られている数学的手法を用いて波を記述していましたが，これを電子などの素粒子に適用するには，最初に振動している適切な数学的対象を想定する必要がありました。一時なれば万事なるで，シュレーディンガーは，最終的に，波動方程式を使用してボーアよりも厳密な方法で水素の離散的なエネルギー準位を導き出すことに成功したのです。一方で，一体何が振動しているかについては疑問が残りました。ほとんどの物理的な波は，表面の高さ（水波），周囲の圧力（音波），空間の曲率（重力波），電磁場の強さ（光波）などの物理量の変化として解釈できます。しかし，1926年のマックス・ボルンの発表によれば，電子の波の場合，振動するのは物理的な媒体ではなかったのです。電子の波は，数学的対象物（Ψ），その複素振幅の２乗（$\Psi \times \Psi^*$）が，電子が特定の時間に特定の場所に存在する確率を表す数学的量でした。この波を表す対象を波動関数と呼び，ギリシャ語の記号Ψで表します。

シュレーディンガーの物質波方程式は，電磁気学と光に関するマクスウェルの方程式の類似となるよう構成されており，次の形式で与えられます。

$$i\hbar\frac{\partial\Psi}{\partial t}=-\frac{\hbar^2}{2m}\nabla^2\Psi+V\Psi$$

暗号のように見えるかもしれませんが，全体的な形式は，粒子の全エネルギーEに関する通常のニュートン力学の方程式と同じです。

$$E=\frac{1}{2}mv^2+V(r)$$

粒子の全エネルギーEは，粒子の運動に伴う運動エネルギー[$1/2\ mv^2$]と粒子が力の場内にあることでもつ位置エネルギー[$V(r)$]の合計です。原子核を周回する電子の場合，mは電子の質量で，$V(r)$は電荷Zeの原子核から距離rで周回する電荷eの粒子のクーロン静電ポテンシャルエネルギーを与える下記の関数です。

$$V(r)=k\frac{Ze^2}{r}$$

シュレーディンガー方程式を用いる方法は，最初に系のポテンシャルエネルギー関数$V(r)$を定め, 次に全波動関数Ψの方程式を解くことです。この数学関数は，研究対象である特定の系を記述するのに適した形式になりますが，留意点もあります。後で見るように，実際には，全波動関数は，個々の粒子がとり得る状態ごとに量子数n,l,mで添字づけされた無限の関数族$\psi_{n,l,m}(x,t)$で構成されています。ここで，nはエネルギー準位の量子数，lは軌道角運動量の量子数，mは電子がどの準軌道にあるかを識別する磁気量子数です。あなたが求める特定の波動関数は，対象としたい量子数またはあなたが実験的に測定した結果と量子数が一致するものです。対象に特定の状態の量子数を選択したら，シンプルに，その特定の量子状態として関数$\psi(x,t) \times \psi(x,t)^*$をプロットすることで，電子が量子系の中の空間$(x)$と時間$(t)$のある位置に存在する確率を計算することができます。ここで，$\psi(x,t)^*$は$\psi(x,t)$の複素共役です。

エルヴィン・シュレーディンガー

エルヴィン・シュレーディンガー（1887～1961）は，1914年に博士号を取得し，当初は電気工学と大気電気学の研究を行っていました。彼はマックス・プランクとアルバート・アインシュタインによる最先端の量子のアイデアを研究し，1922年までに原子の電子軌道に適用されるハーマン・ワイルの幾何学のアイデアに興味を抱きました。これが彼の1926年の論文『Quantization as an Eigenvalue Problem（固有値問題としての量子化）』へ結実し，20世紀の物理学で最も重要な論文の一つとして旋風を起こしました。同論文において，今では彼の名前を冠したシンプルな方程式と，量子状態を記述するための「波動関数」の新しいアイデアを含む，すべての量子系に簡単に適用できる精密な数学手法を打ち立てました。彼は，

エルヴィン・シュレーディンガー

哲学的にはこのような観点を好まず，自身の発見とその後の発展を超えることができなかったことが残念だとも述べています。

シュレーディンガー方程式の等号の左側の項に，$i=\sqrt{-1}$ の省略記号 i で表される虚数が含まれていることに気づいたかもしれません。この虚数がシュレーディンガーの発想の核心です。彼は，波動関数が $A+Bi$ などの複素数であるときに限り，エネルギーのニュートンの方程式を波動関数の方程式に再変換できることを発見したのです。Ψ の記述には，複素代数を用いる必要があります。複素数は，いわゆる複素《ふくそ》共役《きょうやく》をかけることにより，確率のような実数に変換できます。たとえば，$(A+Bi)^*$ と記述される $A+Bi$ の複素共役は，$A-Bi$ であるため，複素共役との積は $(A+Bi)(A-Bi)=A^2+ABi-BAi+(+Bi)(-Bi)=A^2+B^2$ という実数です。つまり，シュレーディンガーの波動関数は，0から1までの実数である，確率 $P=\Psi\times\Psi^*$ と結びついています。シュレーディンガーの数学で定義された波動関数 Ψ の振幅は，電子が原子内の特定の場所 x と時間 t で発見される確率の平方根だったのです。実際には，波動関数が表している内容は，専門的

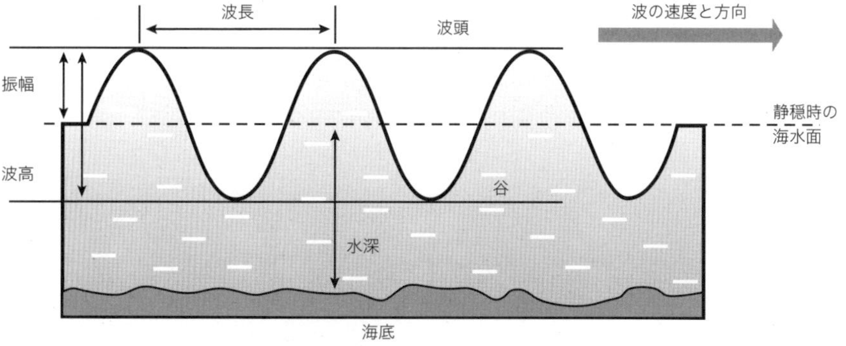

通常の水波は，水面の高さの垂直変位によって定まる。波高の経時変化を記述する方程式を，波動方程式という。

にはより複雑なものでした。

波動関数は，一つの量子状態にある原子内の１個の電子の特性を表しており，電子のエネルギー n，角運動量 l，及び z 軸座標に沿った角運動量の射影 m の量子数を指標としています。ここで，角運動量の射影 m の量子数は，原子に磁場をかけることで決定できます。したがって，電子の状態を記述する正しい方法は，関数 $\psi_{n,l,m}(x,t)$ を用いることです。変数 x は，直交

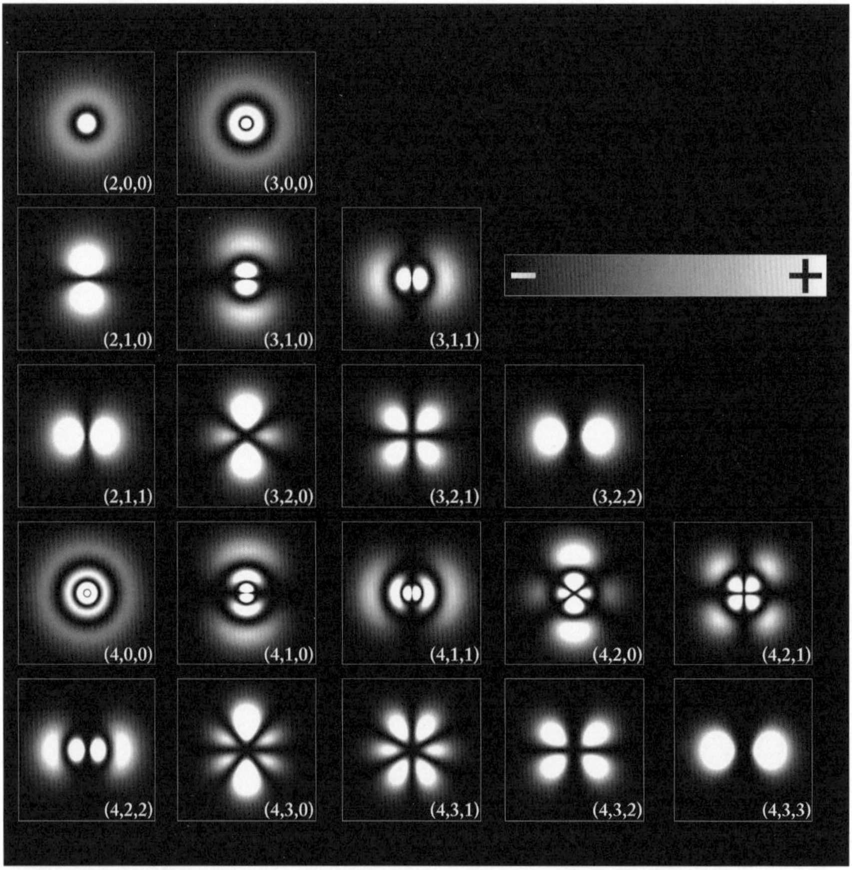

量子数ごとの，水素原子の電子の確率雲 $P=\psi_{n,l,m}(x,t)^*\ \psi_{n,l,m}(x,t)$ を算出した結果。

座標系の（x,y,z）や球座標系の（r,θ,φ）などの三次元座標の代替記号です。原子の球対称性を利用して，この関数ψは，実際には，球形ルジャンドル多項式$Y^m{}_l$（θ,φ）と動径方向のエルミート多項式H_n（r）の二つの関数の積に分割でき，$\psi_{n,l,m}$（r,θ,φ,t）$= H_n$（r）$Y^m{}_l$（θ,φ）と記述できます。

シュレーディンガーの波動関数の観点からは，特定の状態にある粒子の波動関数を取り出して，確率関数P（n,l,m,x,t）$= \psi_{n,l,m}$（x,t）* $\psi_{n,l,m}$（x,t）を計算します。数学的に，この量子状態の関数は，電子の全波動関数Ψのたった一つの要素にすぎません。ハンガリーの数学者ジョン・フォン・ノイマン（1903～1957）は，1926年に，各量子状態は，ヒルベルト空間と呼ばれる空間に集積され，各配位点は，$\psi_{n,l,m}$（x,t）によって定義される系の存在可能な点であることを初めて示しました。これは，彼の名著『量子力学の数学的基礎』（1932年，邦訳：1957年，みすず書房）で解説しています。

ハイゼンベルクの不確定性原理

ヴェルナー・ハイゼンベルク（1901～1976）は，1923～1925年にかけて，波動関数を用いたシュレーディンガーの量子論以外の方法で量子系を表現する方法を研究しました。彼のアプローチは，原子の状態を数学的に表現するには，原子の測定可能な特徴だけを扱うというものでした。測定の合間において，原子内の電子は確定した物理的実体ではありません。電子は観測の瞬間にのみ存在することから，量子状態の電子を，一連の確率波としてではなく，観測対象の多数の観測結果を表す値の行列として定義しました。二つの基本行列は位置Qと運動量Pの行列で，これらは非可換と呼ばれる関係に従います。行列において，両者を乗算して$A \times B = B \times A$のとき，可換といいます。ハイゼンベルクの位置と運動量の行列の場合は，$AB \neq BA$であり，非可換関係に則ります。その結果，ハイゼンベルクの行列量子条件$[PQ-QP]=ih/2\pi$が導かれるのです。1925年までに，ハイゼンベルクは水素のスペクトル線の振動数を計算するための手法を開発しました。この計算は長く難解で暗号のようであったため，多くの物理学者は彼の議論を完全には理解できませんでした。しかしながら，彼の行列数学には，量子系の測定に関するいくつかの重要な洞察が隠されていたのです。

ヴェルナー・ハイゼンベルク

ヴェルナー・ハイゼンベルク（1901～1976）は，物理学者のマックス・ボルン，アーノルド・ゾンマーフェルト及び数学者のダフィット・ヒルベルトの指導を受け，1923年に物理学の博士号を取得しました。同じ年，彼はニールス・ボーアとともにコペンハーゲン大学で研究を開始しました。同大学にて，原子による光散乱の数学的記述に関してハンス・クラマースと協力し，原子が光といかに相互作用するかを計算する行列アプローチを確立しました。1925年に発表された画期的かつ数学的に難解な論文は，それまで物理系の説明に使用されたことのない行列数学を導入するという偉業を成し遂げました。彼は，アルバート・アインシュタインの推薦を受け，1932年にノーベル物理学賞を受賞しました。

ヴェルナー・ハイゼンベルク

最初の洞察は，測定前の系の状態がハイゼンベルク行列の要素の膨大な集まりによって表される可能な結果の大きな集まりの中の一つであるということでした。したがって，測定と測定の間に電子が「何をしているか」について議論することには意味がありません。ハイゼンベルクが考案したたとえは，夜の公園で，人がある街灯の下から別の街灯の下へ移動する様子を見ているのと同じことでした。あなたはその人が暗闇の中で何をしているのかを見ることができず，各街灯の下に突然現れた様子だけを見ることができます。ハイゼンベルクの解釈によると，電子の場合，文字通り，測

電子の測定は，闇夜に街灯の間を歩く男性を観察することと似ている。彼は突然に各街灯の下に姿を現し，街灯と街灯の間では存在していないかのように見える。

定の間には電子は実際には存在しないことを意味します。ハイゼンベルク行列は，電子が「街灯」に到達し物理的に測定された時点に電子が行っていることについて観察ないし測定され得る結果をすべて列挙しているのです。この解釈は，「測定前には，電子はその全波動関数 Ψ で表された測定され得るすべての結果を示しているが，測定後，これらすべての可能性は，特定の測定量子数 $\psi_{n,l,m}(x,t)$ の一つの状態に突然収縮する」というシュレーディンガーの量子論に引き継がれました。この理論は，波動関数の収縮というコペンハーゲン解釈として知られ，今日の量子論でも依然として難題のままです。

現実に粒子の波動関数が収縮するかという問題は，プリンストン大学のヒュー・エヴェレット（1930 ～ 1982）が1957年に提唱した多世界解釈

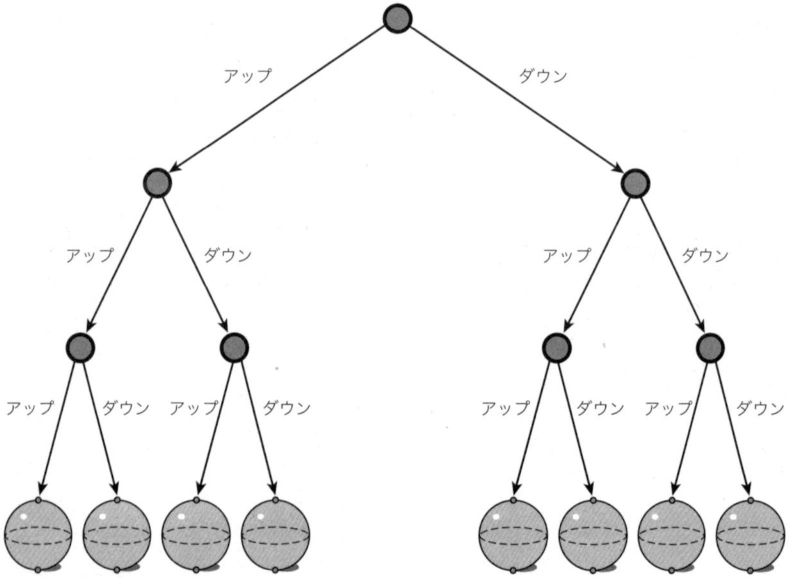

宇宙は，1個の光子が上向きスピンか下向きスピンであると測定されるかによって，3回の連続測定後たくさん複製され分裂していく。

などで問われてきました。彼は物理学者ジョン・アーチボルト・ホイーラーの教え子で，博士論文で波動関数の収縮を回避するための解決策として多世界解釈を発表しましたが，痛々しいほどの非難にさらされ，博士号を取得した直後に物理学を離れました。しかし，1970年代には，彼のアイデアは，この分野の研究に従事する物理学者の間で広く支持されるようになったのです。多世界解釈によれば，系の波動関数Ψは，いかに複雑であっても，私たちの宇宙内の観測者にとって収縮することはありません。代わりに，量子測定ないし観測のたびに，新しい宇宙が前の宇宙から分離します。この分離プロセスにより，生成されたすべての宇宙の波動関数は収縮せずに残り，分離した各宇宙内の観測者は，測定された特定の量子状態$\psi_{n,l,m}(x,t)$で定義される各測定結果によって可能となる多くの経路に沿って進化するのです。

ハイゼンベルクの二つ目の洞察は，もう少し複雑です。振動数と波長が光の波を表すための要素であることと同じように，電子の運動量と位置も，相補的な要素として表すことができます。フーリエ解析という数学的枠組みの言語では，位置と運動量，またはエネルギーと時間などの量は，波を記述するフーリエペアとして表されます。これは，ペアのうちの一要素を高精度で決定できるとき，相補的な片方の要素を同じく高精度では決定できないことを意味します。たとえば，図は，インパルスと呼ばれる特定の時間に局在した電気信号を示しています。この信号は，時間$-\tau/2$と$+\tau/2$の間にのみ存在しますが，周波数（エネルギー）領

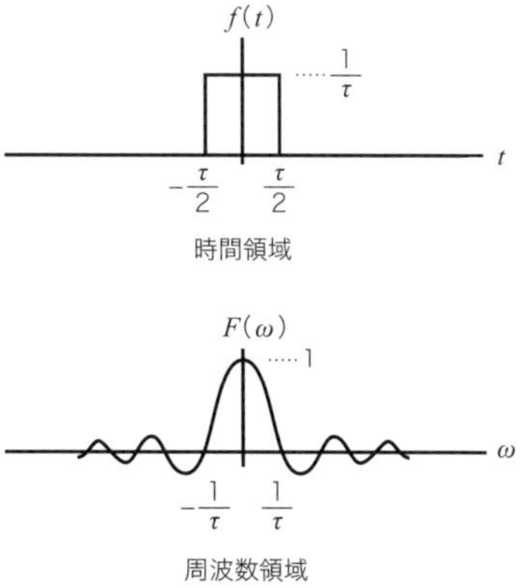

電子のインパルスは，時間領域で短い時間間隔内に局在しているが，周波数領域では分散している。

域のフーリエパートナーは複雑な波列となって広がっています。同様に，粒子を空間内の特定の点に局在させようとすると，その運動量の分布が広がり，同時に精密に決定することはできません。言い換えれば，粒子が空間のどこにあるかを特定しようとすればするほど，その正確な運動量や速度については知ることができなくなるのです。

この運動量pと位置x，及びエネルギーEと時間tとの間の相互的な振る舞いが，ハイゼンベルクの不確定性原理の核心部分です。ハイゼンベルクの不確定性原理は，ハイゼンベルクが1927年に発見し，アール・ケナード（1885～1968）とヘルマン・ワイル（1885～1955）が1928年に導出しました。不確定性関係は，xとp，tとEの不確定性Δに関する一対の方程式として以下のように表されます。

$$\Delta_x \Delta_p \geq \frac{h}{4\pi}$$

$$\Delta_t \Delta_E \geq \frac{h}{4\pi}$$

原子の大きさでは，電子の位置が1ナノメートル（$\Delta x = 1\ nm$）以内で判明しているとき，電子の速度は58 km/sより悪い精度でしか知ることができません［例：$\Delta p \geq h/(4\pi\Delta_x)$］。ハイゼンベルクの不確定性原理のエネルギーの不確定性への適用については，第9章で説明します。

このように，1927年までに，論理的整合性のとれた原子の量子論のすべての要素が数学的に確立され，シュレーディンガーの優美で直感的な数学とハイゼンベルクの不確定性関係の組み合わせにより，原子構造の正確な記述と測定結果の予測が可能となったのです。ただし，未解決のままの問題も残っていました。一つには，シュレーディンガーの量子論は，特殊相対性理論と整合性がとれていませんでした。二つ目は，測定の正確なプロセスと量子系の波動関数がどのように収縮するかに関連した多くの課題が残されていました。次の二つの章ではこの問題を扱います。

Key Points

- エルヴィン・シュレーディンガーは，波動関数を使って，原子内の電子の波動性を記述する数学を開発した。波動関数によって，特定の量子状態の粒子が検出される存在確率を表すことができる。

- ヴェルナー・ハイゼンベルクは独立した数学理論を樹立した。その理論では，粒子がほかの量子系と相互作用する瞬間より前にどこに存在したかを考慮しない。

- 粒子の状態を観察することによって，すべてのあり得る状態の全波動関数は，一つの終状態に収縮する。これをコペンハーゲン解釈と呼ぶ。

- ハイゼンベルクの不確定性原理は，エネルギーと時間，または運動量と位置などの二つの量を，高精度で同時に知ることができる原理的な限界を定める。

- シュレーディンガーとハイゼンベルクの量子論は，原子構造について厳密な計算を可能とする，初めての正確かつ数学的整合性のある説明を与えた。

第5章

量子測定

物質の量子論的な記述を考えるうえで，最も不可思議なことは，測定と観測の問題です。巨視的な系の場合，観測という行為が何の影響も与えないことは明らかです。ビーチで岩を観測するとき，観測することで岩が突然別のものに変わることはありません。カメラで太陽光の強さを測定するとき，測定によって太陽や表面で光を反射する物体は変化しません。しかし，量子の世界では，どうやらそうではなさそうです。また，観測または測定されている物体は，測定が完了する前には，物理的な状態や一連の特性が定まっていないようです。

原子内の電子は，一般化された量子状態Ψによって表されることがわかっています。Ψは想定され得るすべての可能なエネルギーと運動量の状態を与えます。これは通常，次の記号で表します。

$$\Psi = \sum_{i=1}^{\infty} a_i \varphi_i$$

第４章で見たように，ギリシャ文字のΨは粒子の全波動関数を表し，φ_iは，エネルギー（n），角運動量（l），及び磁気量子数（m）の特定の量子数をもつ粒子がとり得る個々の量子状態を表します。a_iは，$P_i = a_i^* a_i$によって特定の状態の粒子を見出す確率P_iに関係する複素数です。ここで，a^*は状態の大きさaの複素共役です。

量子の重ね合わせ

測定ないし観測が行われる前に，私たちが知っている唯一の情報は，粒子が存在する系を決定するシュレーディンガー方程式の解である全波動関数Ψです。しかし，測定後，粒子は特定の状態φで現れ，ほかのすべてのあり得る量子状態は消え去ってしまいます。コペンハーゲン解釈によれば，これを波動関数の崩壊と呼びます。1930年代以来，このような崩壊が起

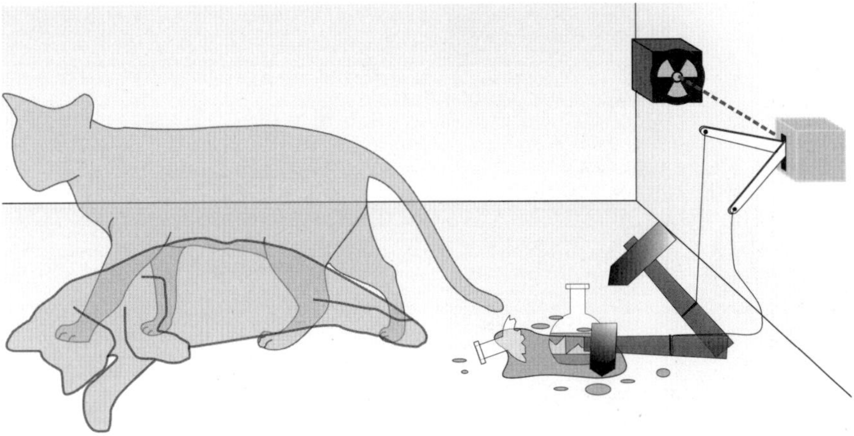

シュレーディンガーの猫の実験は，ランダムに毒ガスが発生する放射線源を取りつけた密閉された箱の中に猫を入れたと想定する。猫は，生か死の混合状態におかれることになる。

る過程は，理論上の深遠な問題でした。別の見方をすると，最初は，粒子が $\Psi = a_1 \varphi_1 + a_2 \varphi_2 + a_3 \varphi_3 + etc$ のように多くの量子状態の重ね合わせにあるが，観測後，粒子は特定の状態，たとえば $a_3{}^* a_3$ の確率で φ_3 で検出されるということです。完全な状態 Ψ には，特定の測定状態で検出される情報よりもはるかに多くの，粒子についての情報が含まれています。これらの情報は一体どこにいってしまうのでしょうか。すべて破壊されてしまうのでしょうか。エルヴィン・シュレーディンガーは，この難題を驚くべきやり方で論証する思考実験を提案しました。

密閉した箱の中に，シアン化物ガスの容器を割って毒ガスを誘発し猫を殺すことができる放射線源を取りつけ，猫を入れるとします。しばらくすると, 猫は生きている状態と死んでいる状態の二つの状態が存在するため，その状態ベクトルは，$\Psi = \frac{1}{\sqrt{2}} Alive + \frac{1}{\sqrt{2}} Dead.$ になります。二つの状態のそれぞれで見つかる確率は，$P = \frac{1}{\sqrt{2}}\, x\, \frac{1}{\sqrt{2}} = \frac{1}{2}$ であることに留意しましょう。シュレーディンガーの猫が突きつけるのは，箱を開けて猫が確実に死

ユージン・ウィグナーは，現実世界が混合した量子状態であるかを議論するために，より複雑なシュレーディンガーの猫の実験を提案した。

んでいるか生きているかを観察／測定するまで，巨視的な物体でさえも量子状態の重ね合わせにすることができるというものです。問題は，どの物理的行為が猫の波動関数を崩壊させるのかということです。ウィグナーの友人と呼ばれるもう少し複雑な実験では，猫と観察をさらに相反する状態として想定しています。

1961年，ユージン・ウィグナー（1902～1995）は，次のような思考実験を考案しました。まず箱の中のシュレーディンガーの猫を想定します。箱を開ける前に，ウィグナーの友人が箱を開けようとしており，ウィグナー自身は少し離れた場所にいて，箱の中は見ることができません。この実験には，猫，ウィグナー，ウィグナーの友人という三つの「粒子」が登場します。ウィグナーから見ると，ウィグナーの友人は箱を開けて即時に猫がどちらの状態にあるかを確認しますが，ウィグナーは確認しません。ウィグナーは，猫の状態を知っている友人を見ただけで，友人が生きている猫を見た状態または死んだ猫を見た状態という，二つの状態のいずれかであることしかわかりません。猫，実験室そしてウィグナーの友人を重ね合わせた量子状態を，長い間ウィグナーは見続けます。数日，数週間，または数年後，ウィグナーはついに「猫は死んでいたのか生きていたのか」と，友人に尋ねます。ウィグナーの友人が最終的にウィグナー

「ウィグナーの友人」実験は，二人の観測者が，客観的現実を共有できない可能性を示しており，私たち皆が同じように経験するという単一の物理的世界の概念を否定している。

に結果を伝えたときのみ，系の量子状態は崩壊します。しかし，ウィグナーの友人が箱を開けた後，量子状態の一部はすでに崩壊していたのです。不思議なことに，系は観察者が誰であるかに依存しているのです。ウィグナーの友人のための明確な状態の系，またはウィグナーのための量子重ね合わせ状態の系の，どちらの系もあり得るのです。ウィグナーが優越な観察者の地位を与えられていない限り，彼の友人の観察も有効であるとみなされなければならず，量子観測のパラドックスが発生します。文字通り，ウィグナーと彼の友人は同じ宇宙の中でまったく異なる二つの現実を経験しています。

2019年，エジンバラのヘリオット・ワット大学のマッシミリアーノ・プロイエッティは，高度なレーザー技術を用い，二つの偏光状態のうちどちらかであり得る光子を使用してウィグナーの友人の実験を再現しました。実験では，重ね合わせの状態（量子もつれ）にある6個の光子を使用し，1セット3個の光子がウィグナーに対応し，ほかの1セット3個の光子がウィグナーの友人に対応します。二つ目のセットがある光子の偏光を記録した際に，最初のセットの状態とその状態がまだその光子の状態の重ね合わせであるかどうかを記録しました。その結果，友人のセットの光子の状態を測定して記録したにもかかわらず，ウィグナーを表すセットは，友人のセットが重ね合わせの状態にあることを記録しました。両方の現実が同時に共存できるのです。このことから，観察のパラドックスは私たちの物理的世界の真の特徴だということがわかります。科学はすべての観察者が認める一貫した事実背景に基づいている，と信じてきた私たちに，この結果はさまざまな重要な考察をもたらします。ウィグナーの友人のパラドックスは，状況によっては，根底にある単一の現実は存在しないことを示しているのです。

ユージン・ウィグナー

ユージン・ウィグナー（1902～1995）は，1924年に科学の博士号を取得しました。父親の製革工場で一時的に働いた後，1926年にカイザー・ヴィルヘルム研究所に勤務し，X線結晶学に取り組みました。彼は，シュレーディンガーの量子論と，対称性を数学的に表現する群論と呼ばれる数学分野を研究しました。1928～1931年に出版した原子物理学における群論と対称性に関する論文で，物理学に対称性の原理を取り入れました。その功績により，彼は1937年にプリンストン大学の正教員になり，アメリカに帰化しました。

局所実在論

量子力学におけるもう一つの問題は，粒子は波動または粒子のいずれかとして振る舞うが，同時に両方として振る舞うことはできないということです。ある実験に対して，粒子はどちらとして存在するかをどのように「決定」するのでしょうか。ある実験では電子のド・ブロイ波長を測定するよ

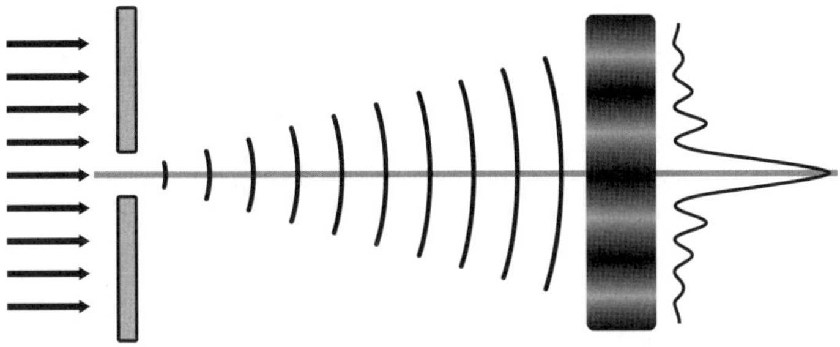

単スリットの実験では，光の波が左のスリットを通り，スクリーンに薄い明暗の回析パターンを残す。

うに設定でき，別の実験では，波ではなく粒子としての特性のみを測定するように設定することができます。電子は一体どのように反応するのでしょうか。このジレンマを明らかにする古典的な実験が，二重スリット実験です。

光が純粋に粒子であると仮定すれば，それでも最初の実験で回折パターンが生成されるので，二重スリット実験では互いに干渉せず同じような薄い回析パターンが現れるように思えます。

1978年，ジョン・アーチボルト・ホイーラー（1911～2008）は，二重スリット実験で光の波が干渉する特性に基づいた遅延選択実験を提案しました。レーザーから出た光子は，二つのスリットを通過し，光の波動的振る舞いによって起こるお馴染みの干渉縞を生成します。しかし，一つのスリットを閉じたとき，光子は粒子として動き，開いたスリットを通過して，粒子としてスクリーン上に明るい点を生成します。生まれたときに，光子はスリットが開いているか閉じているかをどのようにして認識し，スクリーン上で波または粒子のいずれかとして現れるのでしょうか。一つの仮説は，光子がスリットに到達し，スリットの状態に応じて自身の性質を変えるために，情報を光源に送り返すというものでした。実験装置での光

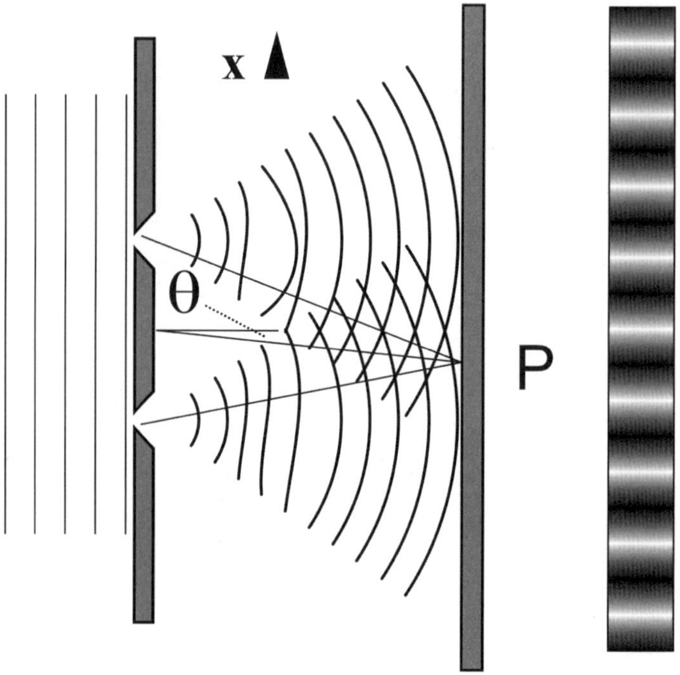

二重スリットの実験では，二つのスリットを通る光の波は中間領域で干渉し合い，スクリーンに明瞭な干渉パターンを残す。

の移動時間はナノ秒（10億分の１秒）であったため，この情報をすばやく送信し，光子がスリットをスムーズに通過し続けることができると考えられました。

2015年に，オーストラリア国立大学物理工学研究科アンドリュー・トルスコット教授は，ほぼ絶対零度の温度でヘリウム原子を使用して，ホイーラーの遅延選択実験をテストしました。手順は二重スリット実験と似ていましたが，光子がレーザービームスプリッターを介して送られた後，乱数発生器によって，光子が検出器への直接の経路をとるか，干渉し合うより長い経路を移動するか，を決定しました。その結果，原子は，波として振る舞うのか粒子として振る舞うのかを，スクリーンで検出される瞬間まで「決心」しないかのように振る舞いました。その後も，同種の実験結果が得られました。直近では2017年に，衛星レーザーシステムを使用して，粒子または波の二つの異なる経路を作成した実験が行われました。光子は，軌道の最後に設置された検出器がいずれかとして測定する時点まで，波動と粒子の両方として同時に振る舞いました。つまり，粒子が波として振る舞うのか，粒子として振る舞うのかを決めるのは，測定行為そのものであり，実験によって問う「問題」なのです。この結論は，一般に局所実在論という枠組みと関連する問題につながります。

局所実在論は，粒子がそれを測定する観測者とは無関係に特定の性質を有すると論証します。これは，アイザック・ニュートンとアインシュタインももっていた見解です。観測者が存在するかどうかに関係なく存在する客観的な現実があるという哲学的な考えに結びついています。地球上のすべての生命体が突然目が見えなくなったとしても，月は存在し続けます。しかし，量子力学では，対象物は，測定ないし観測されるまで，確定可能な状態を有さないのです。遅延選択とウィグナーの友人の実験の両方によって検証され，観察が行われた後にのみ「崩壊」する混合ないし重ね合わせ状態の巨視的な物体が説明されています。したがって，量子力学は局所実在論を破るのです。

量子力学を決定論的理論に変える隠れた変数が存在するとき，量子力学に局所実在論を再度取り入れることが可能となります。ド・ブロイは，彼がパイロット波と呼んだ物質波は，完全な決定論的記述を行うための欠落しているパラメーター（変数）を提供する，まだ発見されていない基礎理論の表れであり，物質波と粒子は相容れない記述ではないと主張しました。この仕組みを確認するには，もつれた（重ね合わされた）量子状態の粒子を使用する必要があります。

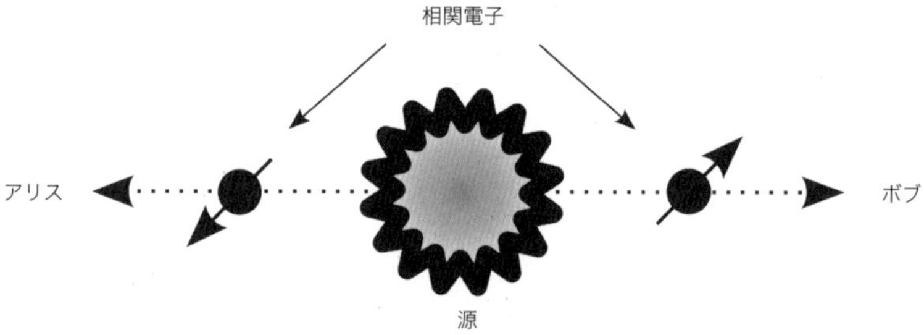

アインシュタイン−ポドルスキー−ローゼン（EPR）の実験では，2個の粒子を一つの量子状態におくことで，1個の粒子の測定が他方の粒子の状態を正確に伝えるので，情報は光より早く移動できないとする相対性理論を破るように見える。

1935年，アインシュタイン，ネイサン・ローゼン（1909〜1995）及びボリス・ポドルスキー（1896〜1966）は，2個の粒子が重ね合わさった状態で生成される実験（EPR実験）を想定しました。たとえば，粒子とその反粒子が結合して対消滅し，光子が生まれるとき，生成される2個の光子は完全に反対の偏光をもつ必要があります。光子は対消滅した場所から，空間に出てきます。ある観測者が1個目の光子の偏光が「上向き」であると検出した場合，彼は即座に，2個目の光子の観測者が2個目の光子を「下向き」であると測定することを知ります。ここで，二人の観測者のいる場所を離して，信号が観測者間を光の速度で移動しても，2個目の光子が反対であることを伝える時間がないようにします。情報は光より速く移動できないため，巨視的な距離で2個の光子がもつれ合った状態で残りますが，それでも単一の量子状態として確定されます。情報が光よりも速く移動するように見えますが，それは不可能です。つまり，それぞれの光子の状態の記述には，量子力学が許容する以上の測定結果についての隠れた情報が含まれていると考えられます。よって，量子力学は不完全な理論ということになります。私たちは，いかにして，どちらがどちらかを判断でき

ジョン・スチュワート・ベルは，欠落した情報を与えるより大きな理論によって量子論が修正されるかを判断する，シンプルな理論的試行を行った。

るのでしょうか。

ジョン・スチュワート・ベル（1928～1990）は，1964年に，量子力学が不完全であるという二番目の解釈も正しくないことを証明しました。ベルの不等式は，「隠れた局所変数の物理理論は量子力学のすべての予測を再現することはできない」ことを明らかにします。ベルは，局所実在性が真実であるという仮定と，量子力学の非局所実在性が真実であるという仮定で，もつれた光子の偏光の予測を確認し，この理論の真偽をテストしました。彼は，実験の中で2個の粒子の測定スピンの合計である数学的量Sを導入し，テストでは，$|S| < 2.0$の不等式を用います。実際に隠れた変数が存在する場合はこの不等式に厳密に従いますが，量子力学が成り立つ

場合には不等式は破られます。

1970年代からベルの不等式が満たされるか否かをテストするために，高度な実験が行われてきました。2015年に，「決定的な」実験をデルフト工科大学のハンセンが発表し，$|S| = 2.42 \pm 0.20$であると宣言しました。これは値がデータの統計的変動の12倍であるため，専門用語で12σの結果と呼ばれます。オーストリアの量子光学量子情報学研究所のマリッサ・グスティーナは，11σの結果を公表しました。これらの実験によって，量子力学の不完全さを修正すると考えられたド・ブロイのパイロット波のアイデアを使った隠れた変数理論は，少なくとも11σのレベルで棄却されました。このレベルの統計的信頼性は，単なるランダムな測定誤差を考えると，1兆以上の測定で約1回発生する測定値に相当します。局所実在論は強く却下されており，量子力学の特性が強固に確立されていることが明らかです。

これらの実験から導かれる結論は，観測されるまでは粒子と観測者が複雑でもつれた状態のままであり続け，観測者だけで共通現実を経験することはできません。そして，その量子系は，観測された瞬間に固有の性質が決まるということです。この振る舞いは，量子力学が不完全な理論で，欠落した情報を補う上位理論による修正が必要だということではありません。粒子が検出器と反応する瞬間に，実験が立てた命題(あなたは波か粒子か)の選択が，粒子がたどる経路とは関係なく，粒子の性質を決定するのです。

Key Points

- 量子重ね合わせは，粒子が観測の瞬間までは無限個の可能な状態で存在し，観測したときに一つの状態のみが決定する。これを量子力学のコペンハーゲン解釈という。
- 観測の瞬間まで，粒子は一度に二つ以上の状態の重ね合わせとして存在することができる。これを量子重ね合わせという。
- 2個の粒子も一つの重ね合わせ状態として存在でき，一方の粒子の状態の測定が，即時に他方の粒子の状態を確定する。これが量子もつれの基礎である。
- ベルの不等式によると，量子力学で局所実在論は破れている。光子ないし電子は，適切な装置で測定する瞬間まで，粒子となるか波となるかを知らず，測定の瞬間に不可逆的にどちらの状態を現すかを選択する。
- 隠れた変数を用いて，量子力学に局所実在論を組み込むことはできない。よって，遅延選択実験で必要とされているような，光よりも速く情報を伝達する必要もない。

第6章

量子力学の応用

量子力学の基本的な定式化によって，原子物質の特性が解明されることを見てきました。それでは，この神秘的な学問の実用的な側面はどのようなものでしょうか。本章では，量子力学の原理が私たちの技術と未来に与える大きな影響の一例を紹介します。

量子トンネル効果

波動関数の興味深く遠大な性質は，空間の中で突然終わるのではなく，それらが存在する系に依存して，宇宙全体の時間をかけてゼロへ減衰できることです。古典物理学で考えると存在し得ない場所に，量子粒子が見つかる有限の確率があるのです。

図は，量子粒子のエネルギー準位（水平線）よりも高いエネルギーの壁が右側を囲んでいる空間領域における，量子粒子の波動関数を示しています。また，壁は空間上に一定の幅をもつとします。この粒子の数学的な解を導出すると，波動関数は，壁の内側と外側の領域では正弦波の形をしていますが，壁の中では指数関数的に減衰しています。三つの解は互いに滑らかに結合します。つまり，壁のエネルギーが無限に大きくない限りは，壁の右側の粒子の波動関数はゼロではないことがわかります。一般的なニュートン物理学によると，粒子の波動関数は壁の左側では一定の値であり，壁の内側の端で，粒子のもつエネルギーが壁を越えるには不十分であるため，波動関数はすぐにゼロに収束します。古典物理

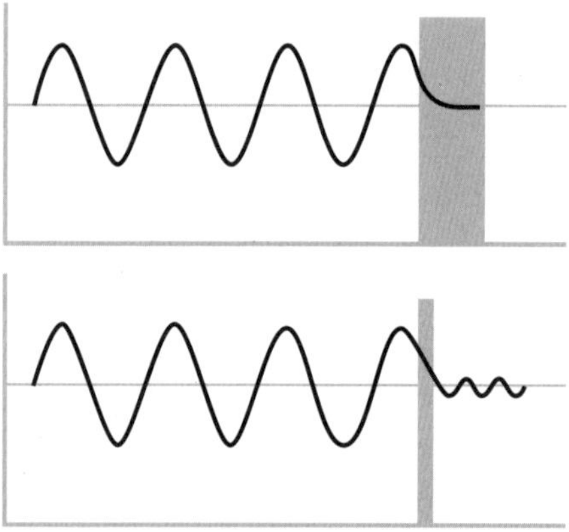

空間領域にまたがる厚さの異なる壁（灰色の板）を通過する波動関数（曲線）。

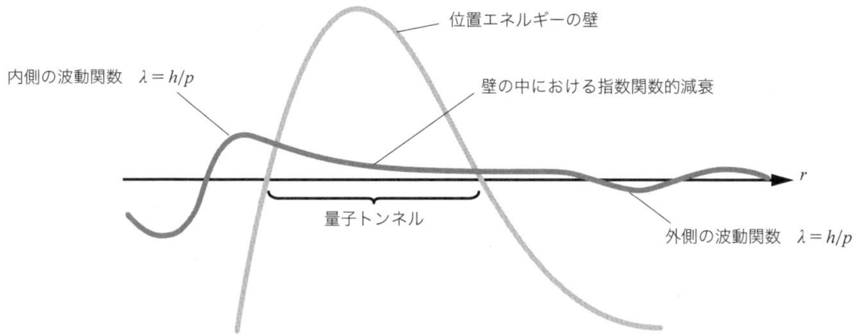

原子核からのトンネル効果の例。波動関数は突然に収束しないため，原子核のような古典力学では閉ざされたと考えられる系の外側でもゼロでない振幅がある。

学では粒子が超えることができない領域の外側に，量子粒子が見つかる現象をトンネル効果といいます。粒子のエネルギーと壁のエネルギーの差が大きい場合，粒子が左側の領域から脱出するのにかかる時間は非常に長く，エネルギーの差が小さい場合は非常に短くなります。このようなトンネル効果の特徴的な例が放射性崩壊です。

原子核の内部に存在する粒子は，強い核力によるエネルギーから逃れるには不十分なエネルギーしかもっていません。しかし，これらの粒子はそれぞれ独自の波動関数によって定まり，波動関数は原子核の外側も含めた空間全体に広がっています。粒子が存在する確率は，原子核内部が最も高いため，原子核内では波動関数の振幅が大きくなります。他方で，強い核力が届く距離は短いため，ほかの原子と隔てる原子核の位置エネルギーの壁を，波動関数は貫通することができるのです。この位置エネルギーの壁を横切って，通常は正弦波である波動関数が指数関数的に減衰していき，原子核からの距離が十分遠くなると強い核力の領域の外に出ます。外に出ると，正弦波の形に戻りますが，一方で振幅は小さくなります。ほとんどの原子では，原子核からトンネルを抜けるのに要する時間は宇宙の年齢よ

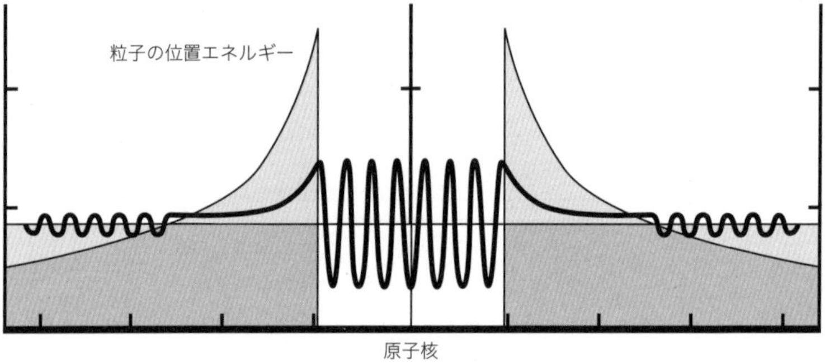

原子核内部から放出されるアルファ粒子の量子トンネル効果。

りも長く，このような原子は安定しているといいます。一方で，トンネルを抜ける時間が数秒，数分，さらには数十億年と測定できる原子もあります。このような原子を放射性元素と呼びます。

原子量が約200を超える重い原子核は，原子内の電子と同じように，原子核内でさまざまなエネルギー準位をもつアルファ粒子（2個の陽子と2個の中性子をもつ最も緊密に結合した原子核）の集まりとみなすことができます。原子核の位置エネルギーの上端近くにある最も励起したアルファ粒子は，古典ニュートン物理学では不可能ですが，非常に小さなエネルギー差によるトンネル効果により，原子核から出てくることができます。トンネル効果の時間は原子核の位置エネルギー上端とアルファ粒子のエネルギー差に依存します。差が大きい場合，トンネル効果に長い時間が要るので，原子核は本質的に安定していて非放射性となります。差が小さい場合，トンネル効果に要する時間は短く，原子核は放射性元素とみなせます。そのため，崩壊過程で主にアルファ粒子を放出しているにもかかわらず，放射性元素の中には半減期が非常に異なるものがあるのです。たとえば，アルファ粒子崩壊によるビスマス209の半減期は1.9×10^{19}年，カリホルニウム240の半減期はたった1分です。ただし，長い目で見れば，すべての原子は最終的に放射性で，最終的には原子核でトンネル効果が起こります。トンネル効果に要する時間が，宇宙の現在の年齢よりも長いというだけなのです。

トンネルダイオードは，二つの材質間の接合部での電子の量子トンネル効果によって，半導体に弱電流が流れる。

量子トンネル効果は，放射能を解明するだけでなく，1950年代後半のトランジスタの発明を契機とした，工学的な実用性も知られています。江崎玲於奈は，1957年にソニーの前身となる会社で，トンネルダイオードと呼ばれる電気素子を発明しました。トンネルダイオードは，電圧が一方向に印加されたときに，幅10ナノメートルの接合部が抵抗として動作します。電圧が反対方向に印加されたときは，トンネル効果によって，接合部を横切って弱い電子電流が流れる仕組みです。トンネルダイオードは，数年後にウィリアム・ショックレーが開発したトランジスタの先駆けでした。

原子のイメージ

原子を撮影することは可能でしょうか。1951年，エルヴィン・ミュラー（1911～1977）は，間接的な手段で原子を画像化できる新型の顕微鏡を発明しました。電界イオン顕微鏡（FIM）は，先の尖ったタングステンの探針を使用し，高電圧により先端から放出されるイオンを検出して，個々のタング

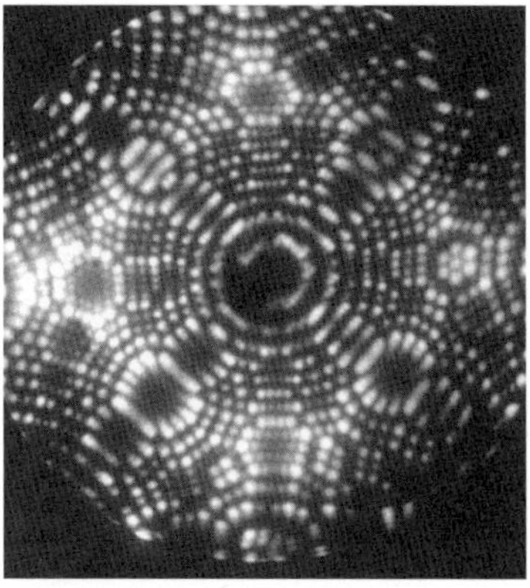

白金原子のFIM画像（2006年）。

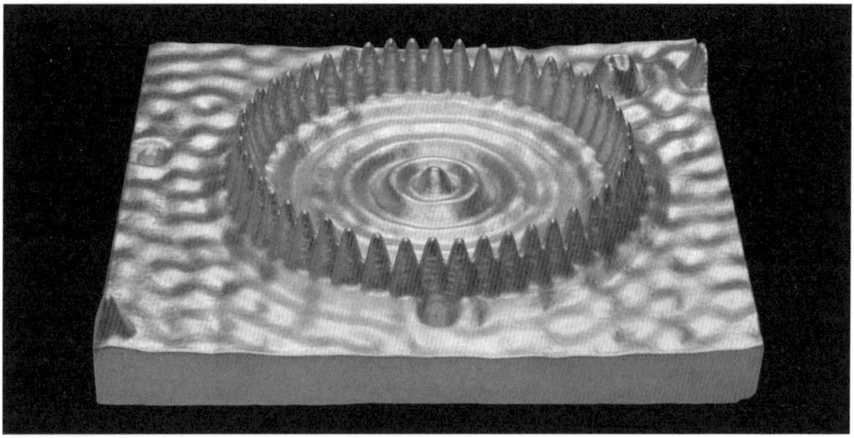

「量子囲い」は，STM装置を用いて個々の原子を動かして生成された。中央の物体は，個々の原子の波動関数が干渉して作成された仮想原子である。

ステン原子自体のイメージを形成することができました。

1981年，IBMチューリッヒのゲルト・ビーニッヒとハインリッヒ・ローラーが，FIM画像より高精度の走査型トンネル顕微鏡（STM）を開発し，1986年にノーベル賞を受賞しました。探針の先端と試料の表面の間のトンネル電流を用い，機器は表面を横切って水平に移動し，トンネル電流を一定に保つように針の高さを注意深く変化させます。探針の高さの情報から再現される解析曲面は，探針の下にある分子と原子の形状を表すものです。実際に，表面の原子をSTMによって操作し，原子サイズの機械をも作成できました。

電子軌道のイメージ

波動関数は，原子内のどこかで電子を見つける確率に関する数学的対象です。これをプロットしていき，電子が存在し得る領域の形状を明らかにすることはできますが，それは単なる確率を表す雲にすぎず，電界のような物理的実体ではありません。したがって，直接観察することはできないというのが通説でした。2013年に，オランダのFOM原子分子物理学研究所のアネタ・ストドルナは，個々の電子軌道の素晴らしいイメージを間接的にとらえることに成功しました。量子顕微鏡という機器が，レーザービームを使用して原子をイオン化し，イオン化光子との相互作用点から検出器まで電子を追跡しました。これらの何千もの相互作用と経路をマッピングすることにより，水素原子の確率の雲を構築することができるのです。これまでのところ，この確率の雲のマップはデータのノイズが許す範囲で，シュレーディンガー方程式を用いた量子計算と正確に一致しています。

量子コンピューティング

コンピュータは，二つの状態のオン・オフのスイッチに対応しており，すべての計算で使用される二進法の数学言語と合致しています。コンピュータソフトウェアは，入力状態（問題）にあるスイッチの1セットを，目的とする出力状態（解）の別のスイッチのセットに変換するためのシンプルな手順です。計算では，ビットと呼ばれる状態が完全にオン（バイナ

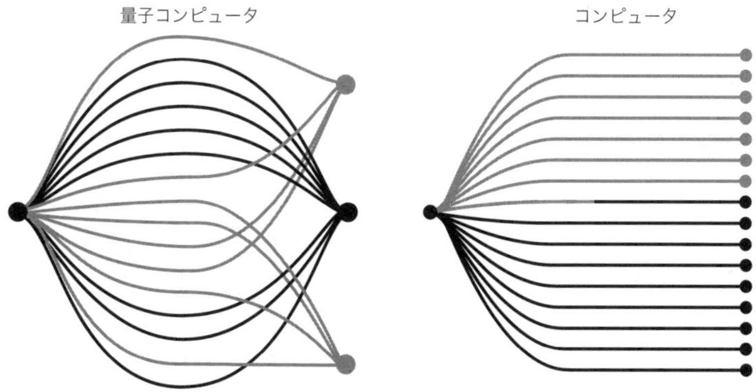

量子コンピュータの入力（問題）と出力（解）間の接続例。

リ値「1」）または完全にオフ（バイナリ値「0」）のいずれかである必要があります。アルゴリズムと呼ばれる一部のプログラムは，計算の一部を分割して，並列計算というプロセスでほかの計算と同時に実行します。これにより，最終状態に到達する速度が大幅に向上します。アルゴリズムは，最終解に到達するために，入力と出力の間のすべての可能な中間状態をたどって単一の経路をとると考えることができます。1980年代初頭，物理学者のリチャード・ファインマンとユーリ・マニンは，コンピューティングに対する別のアプローチを考案しました。

ビットとアルゴリズムを使用する通常のコンピュータ（古典コンピュータ）は，初期状態（入力）から最終状態（出力）に移行するために，古典物理学でいうところのスイッチのオン・オフだけの操作のみを行い，解を到達するための単一で効率的なアルゴリズムを導きます。量子コンピュータでは，アルゴリズムは入力状態と出力状態の間のすべてのとり得る道筋を網羅するのです。重ね合わせともつれの量子プロセスを経て，最も可能性の高い道筋が，最も可能性の高い解決策となります。このような量子プロセスの計算を行うためには，2状態のビットではなく，4状態の量子ビットが必要です。4状態の量子ビットには，1と0に加えて，1と0の間の重ね合わせ状態も現れます。量子コンピュータはノイズが発生しやすいため，量子ビット間の量子状態がランダムなノイズに崩壊するのを防ぐために，極低温まで過冷却しなければなりません。それでも，初期状態と最終状態の間のすべての可能性のある解決策を抽出し，その確率を評価することにより，量子コンピュータは，暗号化やタンパク質の折り畳み構造のモデリング化などの，ある種の数学的問題に対して飛躍的な高速計算を実現します。なお，現在（2020年），最大の量子コンピュータは，IBM Q System Oneです。これは，商用利用のための最初の統合量子コンピューティングシステムで，20個の量子ビットを使用しています。いずれ，大規模な量子コンピュータをつくるには,「時間の問題」と呼ばれる,時間の物理的意味そのものに関わる荘厳な問題に立ち向かわなければならないでしょう。現在のところ,観察者がコンピュータに入力を送信し,後で出力を受信することが何を意味するかを説明できる正式な方法がないのです。

Key Points

- 量子トンネル効果は，古典ニュートン物理学では起こるはずのない，粒子が原子核から放出される放射線の過程を解明した。

- トンネル効果に要する時間，あるいは半減期は，粒子とエネルギー障壁のエネルギー差によって決まる。

- トンネル効果を使った技術によって，個々の原子を直接，あるいは間接的にイメージ化できる。

- 量子コンピューティングは，入力状態と出力状態をもつれ状態におき，すべての論理的可能性を一度に効率的に抽出して，解を発見できる。

- 量子コンピューティングの発展は，時間の起源や解釈，問題の入力状態と出力状態の区別といった，量子力学の深遠な問題に関わっている。

第 7 章

量子スピン

　これまで見てきたとおり，エネルギーと運動量に関する古典論の概念は，ほとんど変化することなく物質の量子論に引き継がれています。エネルギーと運動量などの個々の性質は1，2，3などの小さな整数で量子化されますが，原子の中で量子化されるか，あるいは人や車や惑星の巨視的スケールで測定されるかにかかわらず，エネルギーと運動量などの概念は意味をなすからです。このことは，「量子力学論で記述された系での振る舞いは，大きな量子数の極限において古典物理学を再現する」という対応原理と呼ばれる量子力学の基本原理で表されます。原子スケールの系の領域を対象とするのが量子力学ですが，系が極端に大きくなると，最終的に，量子力学は通常のニュートン物理学に移行するはずです。原則として，エネルギー，運動量，質量，電荷などの量子の世界でのすべての特徴は，巨視的なニュートン物理学の世界において1対1で対応している必要があるのです。

　下の図は，箱の中を前後に動いている粒子を表しています。点線が示す古典ニュートン力学上の計算は，二つの壁の間のある地点で粒子を見つけ

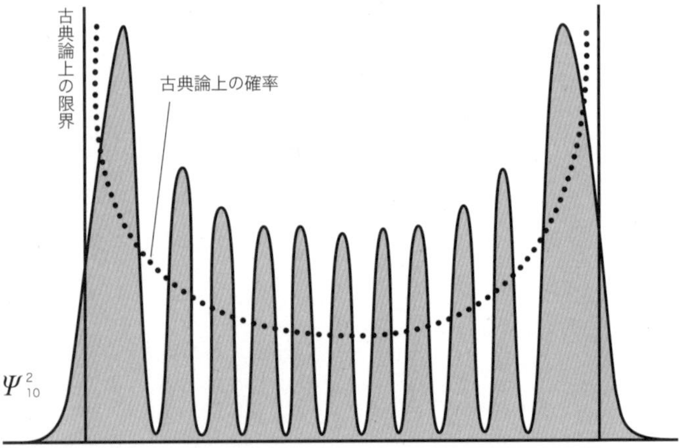

単純な振動子による対応原理の例

る確率を示しています。想像どおり，粒子は壁で跳ね返り多くの時間を費やすので，この確率は壁の近くで最も高くなります。量子計算（実線）は，波動関数が箱壁の外側で「トンネル効果」によりゼロでない確率をもち得るにもかかわらず，ほぼ同じ結果を示しています。対応原理から予想されたとおり，波動関数は，古典ニュートン力学に基づいて問題を論証して得られた予測とほぼ一致するのです。

対応原理を検証する別の方法は，電子が原子核から遠い位置にある場合の，シンプルな水素原子の電子の確率雲（$P(x,y,z) = \psi(x,y,z)^* \psi(x,y,z)$）の形を算出することです。このような，いわゆるリュードベリ原子は，核から1ミクロンの距離で，非常に高いエネルギー準位E_nに電子がいます。水素原子の「基底状態」電子のほぼ100倍の距離です。$n = 15$のリュードベリ状態の水素原子の波動関数で，電子の古典的なボーアの「惑星」軌道にとてもよく似ています。

量子スピン

1920年代半ばの量子革命隆盛期の最中，エネルギー，運動量及び軌道角運動量のシンプルな概念に加えて，原子物理学はさらなる発展がありました。エネルギー，運動量，角運動量を表す通常の量子数の枠内でスペクトル線の厳密な分光学研究を行うことで，1952年までには，三つの量子数n，l，mで決定される特定の量子状態の電子には，さらに何らかの性質があることがわかってきました。ヴォルフガング・パウリ（1900～1958）は，原子内の各電子の量子状態を3種類ではなく4種類の量子数で表す数学体系を創案しました。2個の電子は，最初の三つの数n，l，mで表される同じ量子状態にあります。しかし，四つ目の量子数が異なるため，四つの数で同じ量子状態を占めることはなく，2個の電子以外は排除されます。これは，パウリの排他原理として知られています。パウリは，最初の三つの量子数が電子のエネルギーと軌道角運動量に関連していることは理解していましたが，第4の量子数を与える物理的な量についてはわかりませんでした。

ヴォルフガング・パウリ

ヴォルフガング・パウリ（1900～1958）は，アルノルト・ゾンマーフェルトに師事し，1921年に二原子水素原子の量子論の研究で博士号を取得しました。3年後，第4の量子数としてスピンの概念を提唱し，電子に対する排他原理へとつながりました。彼はヴェルナー・ハイゼンベルクの行列数学を応用して，電子スピンを2×2行列で記述する手法を示し，量子状態のシュレーディンガー方程式にスピンを組み込む方法を開発しました。その後，1930年にはニュートリノの存

ヴォルフガング・パウリ（中央）とポール・ディラック（左），ルドルフ・パイエルス（右）

在を発案しました。また，心理学者のカール・ユングがパウリの明晰《めいせき》夢《む》を研究し，二人の間で長期にわたって書簡が交わされていたのは有名です。パウリは，1958年にすい臓がんにより没しました。

ドイツの物理学者オットー・シュテルン（1888～1969）とヴァルター・ゲルラッハ（1889～1979）が1922年に行った簡単な実験で，第4の量子数を担うのは電子そのものであることが明らかになりました。彼らは銀原子のビームを磁場に通し，原子が最外殻の電子の向きによって決まる二つの方向をとることを発見しました。ボーア–ゾンマーフェルトのモデルでは，電荷と質量以外の電子の特性は考慮されていなかったため，ある一つの方向をとることが予言されていました。電子が二つの状態を示したという事実は，厳密に二つの可能な値（$s=+\frac{1}{2}$と$s=-\frac{1}{2}$）をとり得る，追加の量子数sが存在すると解釈できました。オランダ系アメリカ人物理学者ジョージ・ウーレンベック（1900～1988）とサミュエル・ゴーズミット（1902～1978）は，未知の量子数は，太陽を周回しながら地軸で自転する惑星のような，電子固有のスピンであるという解釈を与えました。電子のスピン量子数が原子内の電子の軌道配置をどのよ

ジョージ・ウーレンベック（左）とサミュエル・ゴーズミット（右）は，電子の固有スピンを提案した。

うに変化させるかを検証するために，量子数n，l，mの定義をもう一度確認してみましょう。

三つの量子数は各電子に適用され，主量子数nはエネルギー準位を決定し，n値は0，1，2，3……∞の整数になります。nの値が高いほど，電子軌道は原子核から遠く，電子エネルギーは$n=\infty$での原子のイオン化限界に近づきます。化学用語では，nの各値は異なる電子殻を表します。

次に，電子の全軌道角運動量が量子数lによって与えられることがわかっています。この量子数は, 電子の波動関数の形状を表します。lがとり得る値は，0，1，2から最大（$n-1$）までで，nはその殻内の電子の主量子数です。lの各値は，副殻と呼ばれます。lで定まる副殻の軌道は，s，p，d，fなどで表記され，一連のスペクトル線を分光学上特定したものに対応しています。アルファベットは，特定のスペクトル線がどのようなものかを表すために分光学者が用いたもので，s＝シャープ（sharp），p＝主要な（principal），d＝拡散（diffuse），f＝基本的な（fundamental）の頭文字です。$l=2$副殻は，化学や分光学ではd軌道とも呼ばれます。

３番目の量子数mは磁気量子数で, 原子の軌道角運動量のz軸への投影を表します。mは，$-l$から$+l$までの値を整数刻みでとることができます。たとえば，$l=1$のp軌道の場合，mの値は-1，0，$+1$のみとなります。一般に，副殻の数は最大で$2l+1$個となり，$l=2$のd軌道の場合，最大で五つの副殻をもつことができます。

105ページの図で，左側（磁場がない場合）の「2p」エネルギー状態の電子は，量子数$n=2$，$l=1$と決まっています。磁場がない場合は，すべての電子は，同じl副殻に一緒に入り，縮退と呼ばれる状態です。磁場が印加されると，右側に示すように副殻は別々のm準位に分裂し，各副殻には最大２個の電子が含まれます。そのため，歴史的にmは磁気量子数と呼ばれます。このようなl殻の分裂により，ゼーマン分裂と呼ばれるプロセスで新たなスペクトル線が見つかりました。この現象は，1896年にオランダの物理学者ピーター・ゼーマン（1865～1943）が最初に観測に成功しました。2年後，アイルランドの物理学者トーマス・プレストン（1860～1900）は，いくつかの原子を非常に強い磁場に置くと，ゼーマン効果において，スペクトル線がさらに分裂し倍増することを発見しました。これが異常ゼーマン効果と呼ばれる現象です。

ピーター・ゼーマンは，磁場を印加したときの原子スペクトルの変化を研究し，電子軌道に副殻があることを発見した。

図の左側のエネルギー状態は，磁場が印加されると，図の右側のように量子数mによって決定される副殻に分割され，各副殻には電子が2個以下存在します。プレストンは亡く

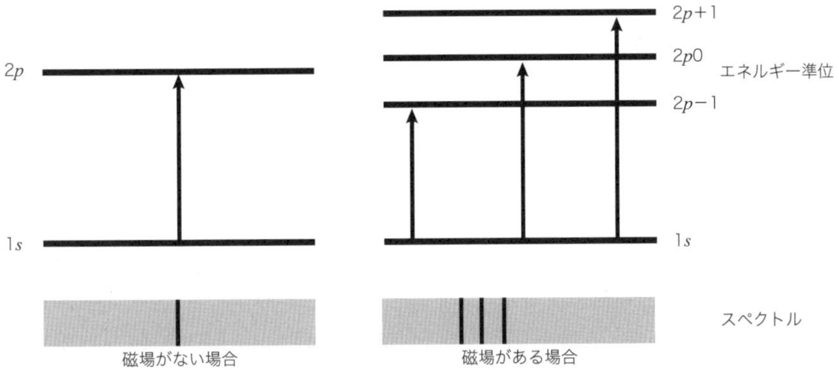

ゼーマン効果の例

なる直前に，副殻が最大二つのさらなる量子状態に分裂することを発見しました。この二状態への分裂は，パウリが第４の量子数sを仮定することで最終的に説明しました。sは$2 = 2s + 1$という規則に従うので，$s = ½$よりそれぞれの電子は最大二つの内部量子状態をもてることになります。四つの量子数n，l，m，sのすべての集合は，原子内電子の完全な量子状態を決定し，また，特定の原子軌道も決定します。各軌道は，電子の特定の量子状態に関するシュレーディンガー方程式の完全な解$\psi_{n,l,m,s}(x,t)$なのです。

新しい量子数はスピンという名称ですから，一見すると，電子が自転する惑星のごとく振る舞うと思えるかもしれません。しかし，実際には，空間での通常の回転とはまったく異なる現象です。電子のスピンは，見かけ上は電流の動きのように見えます。そして，電流の動きは磁気モーメントという弱い磁場を発生します。しかし，点粒子としての電子は，物体の限界である光速を超えずに回転できるような物理的広がりを有していません。また，電子のとり得る回転状態は，$s = +½$と$s = -½$で定められる二つだけです。前者の場合，電子のスピン軸は「上向き」といわれる位置，後者の場合

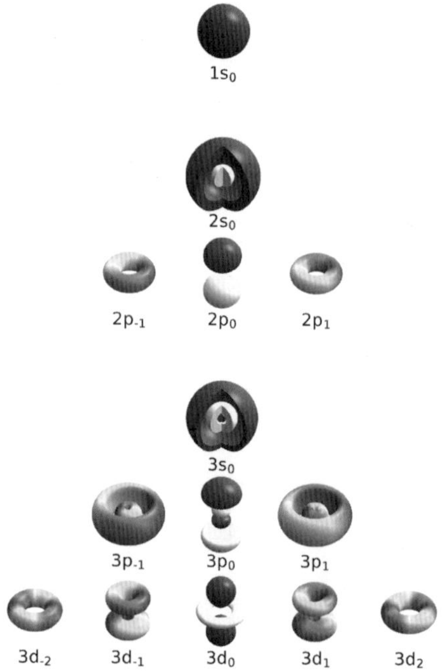

$n = 1$，2，3の水素原子の最初のいくつかの原子軌道。分光表記で与えられた準安定状態を示している。ここで，$3d_2$は，$n = 3$，$l = 2$，$m = 2$の準安定状態を示す。

は「下向き」の位置にあります。いずれの場合もスピンの合計の大きさ $|s|$ は，ちょうど½です。ほかの量子数は，十分に大きい量子値になるときは，対応原理に従って，古典論に準じて解釈することが可能ですが，それらとは違って，スピンは，電子などの粒子において，ちょうど二つの状態のみが可能です。このように，スピンの発見によって，素粒子を，その質量と電荷に加えて，固有のスピンを使って分類することになりました。

ボソンとフェルミオン（ボース粒子とフェルミ粒子）

相互作用しない粒子の集まりは，その固有スピンに従って，アンサンブルとしての特性を2種類の統計的手法で扱います。一般的に，気体は個々の原子と分子からなっており，ボイルの法則（PV＝一定，Pは気体の圧力，Vは体積）や理想気体の法則（$PV = nRT$，Tは絶対温度，nは気体のモル数，Rは理想気体定数）など，19世紀から知られる通常形式の「気体の法則」で密度，温度，圧力が決定します。一方，電子が固有スピン½をもつという1925年の発見と，光子も固有スピン1をもつという1924年のサティエンドラ・ボースの発見から，ボソンという純粋なスピン1粒子からなる気体とフェルミオンというスピン½粒子からなる気体の二つの新しい統計理論ができました。

フェルミ統計とパウリの排他原理からは，2個のフェルミ粒子が反対のスピンをもっている場合にのみ同じ量子状態になり得ることが導かれ，その結果から多数の重要な応用が始まりました。特に天体物理学では顕著でした。高温高圧の極限条件下では，通常の原子の気体は，自由電子の中でほぼプラズマ状態になります。体積がさらに圧縮された電子気体において，これらのフェルミ粒子がとり得る量子状態が急速に埋まっていきます。この結果，いわゆる縮退圧が発生し，最終的にはそれ以上の圧縮が起こらなくなります。圧力と温度の関係も変化して，電子気体の温度を上げても全体の圧力は上がらず，パウリの排他原理に基づくフェルミ気体の量子効果が完全に支配的になります。重力崩壊の力の影響下にありながら，主にこのような縮退圧によって安定している系には，褐色矮星《わいせい》，白色矮星及び中性子星があります。

ボソンの統計を用いて，ボースは，純粋な黒体輻射《こくたいふくしゃ》スペクトルの光子の状態数の正確な計算と，プランクの量子化の説明に成功しました。ボース-アインシュタイン統計に従うほかの系には，1995年に発見されたボース-アインシュタイン凝縮があります。この現象は，1924年にアインシュタインが，1938年にフリッツ・ロンドン（1900～1954）が予言していたものです。アインシュタインは，ヘリウム原子を含むスピン1のすべての粒子は，低温でとり得る最低の量子状態に凝縮し，物質の新しい相を形成して気体のように振る舞うと提案したのです。

サティエンドラ・ボースは，「ボソン」と呼ばれる整数スピン粒子の統計理論を提案した。

Key Points

- 対応原理は，十分に大きな量子数において，量子系は古典系に類似することを示している。

- 量子スピンは，電子の固有スピンを表す第4の量子数であり，＋½または－½のいずれかをとる。

- 量子スピンの概念はパウリの排他原理に結びついた。排他原理では，最大2個の電子が，スピンが逆で$s=+½$または$s=-½$の場合にのみ，同じ量子状態をとり得る。

- フェルミオンは，スピンの大きさが½の素粒子である。ボソンは，スピンの大きさが0，1，2などの整数値の粒子である。

- ボース-アインシュタイン統計はスピン1のボソンの状態を扱い，フェルミ-ディラック統計はスピン½のフェルミオンの状態を扱う。

- フェルミオンの集まりが高密度に圧縮されるとき，パウリの排他原理に基づいて，縮退圧が生じる。この現象は，中性子星や白色矮星で見られる。

第 8 章

相対論的量子論

1920年代，物理学は量子力学の躍進にわいていましたが，理論的には綻《ほころ》びもあり，すぐに解決されることはありませんでした。量子力学で光と物質の両方を完璧に取り扱う方法を知る物理学者は誰もいなかったのです。プランク，アインシュタインやド・ブロイによって，物質と光の両方が量子化されましたが，量子化した粒子が光を生成する真のメカニズムは，依然として不明のままでした。光量子に至っては，1926年に化学者ギルバート・ルイス（1875～1946）が光子と名づけるまで，固有名詞さえなかったのです。

理論学者が直面したのは，次の原子現象について，論理的矛盾のない完璧な数学理論を組み立てるという難題でした。「電子は光子を吸収して次に高いエネルギー準位に遷移し，しばらくすると，光子を放出して低いエネルギー状態に戻る」。これは，言葉で説明したり，実験室で測定したりするには簡単ですが，数学的に説明するのはとても困難でした。前半は簡単なのでしょうが，特に難しいのは，後半部分です。電磁場がない完全な真空中においてさえも，励起した電子は，原子内でとり得る最低状態へ遷移してしまうのです。これが，自然放出と呼ばれる過程です。

化学者ギルバート・ルイス。ルイスにより導入された「光子」という用語は，電磁エネルギーの量子を説明するために現在は広く使われている。

自然放出

自然放出を最初に説明したのは，1917年のアインシュタイン

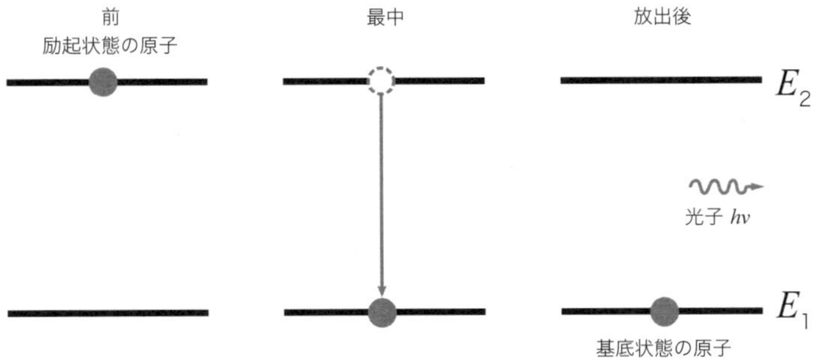

電子は，励起状態にとどまることなく，基底状態へ遷移する。両方の状態ともシュレーディンガー方程式の安定解であるにもかかわらず，遷移が起こる。

の論文『On the Quantum Theory of Radiation（放射の量子論）』でした。しかし，自然放出の概念は，その後の量子論の予測とはまったく矛盾するものでした。電子の励起エネルギー状態はシュレーディンガー方程式の完全な許容解ですから，なぜ電子は励起状態にとどまらないのでしょうか。アインシュタインは熟考の結果，自然放出を説明する数学には，「自然放出は，仮想の電磁場による電子の強制放出によって引き起こされる」という特有の仮定が必要であることに気づきました。さらに複雑なことに，この仮想の場は，たとえ完全に空の空間においても，いつでもどこでも存在する必要があるということでした。アリストテレス，ホイヘンス及びマクスウェルは結局のところ正しかったということでしょうか。彼らの言うとおり，空間は空ではないという結論に不可避的にたどり着くのでしょうか。

ポール・エイドリアン・モーリス・ディラック（1902～1984）は，ハイゼンベルクの不確定性原理に従って電磁場内の光子の数は絶えず変化しているため，たとえ場が存在せずとも自然放出が発生することを示し，これらの問いに答えました。任意の振動数において存在する光子の数には，「その振動数の最低エネルギーの零点ゆらぎ」という不確定性が組み込ま

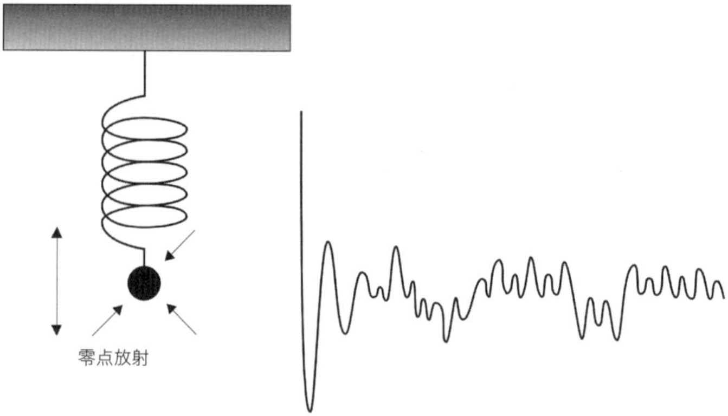

零点ゆらぎは，仮想粒子の生成と消滅に伴う物理的真空状態のエネルギー変化である。これにより，電子などのあらゆる量子粒子の物理的な振る舞いに変化が起こる。

れているのです。たとえば，あなたが毎朝体重を測定しているところに，知らぬ間に誰かがバスルームに忍び込み，設定をいじっていると想像してみてください。ある朝の体重は70 kg，翌朝の体重は75 kg，その後は65, 68, 80となることでしょう。体重計にまったくのっていなくても（電磁場が遮断されているのと同じことです），値は＋5，－5，－3，＋10 kgなどの変動を示すのです。このような状態の中，実際に体重が増えたり減ったりしないように，あなたは食事をどう調整できるでしょうか。これが，電子が励起状態を維持しようとするときに直面するジレンマです。原子の内部では，電子は陽子の電磁場内を動きます。この場に零点ゆらぎがあり，電子を刺激して光子を放出させ，その結果，電子は原子内のより低い空きのあるエネルギー準位へと連鎖的に落ちていくのです。

ポール・ディラック

ポール・エイドリアン・モーリス・ディラック（1902～1984）は，1921年にブリストル大学で工学の学士号を取得しました。戦後不況の中，仕事を見つけることができず，大学に戻って1923年に数学の学士号を取得しました。一般相対性理論と量子力学を研究し，1926年に量子力学に関する論文を完成させました。これは博士課程の学生としては史上初のことでした。相対論的量子論と量子重力に関する彼の研究は，1930年に相対論的場の量子論と「ディラックの空孔」理論として脚光を浴び，これらの分野における将来のあらゆる研究の基礎を築きました。彼は1933年,「原子論の新しく有効な方程式の発見」でシュレーディンガーとノーベル物理学賞を共同受賞しました。言葉数が少ないことで知られており，周囲は，彼にちなんで一時間当たり一言発する頻度をディラック単位とユーモラスに名づけたほどでした。

ポール・ディラック

アインシュタインによる自然放出の研究では，古典的な電磁場がない空間領域に，依然として$E = h\nu/2$（νは光の振動数，hはプランク定数）のそれ以上小さくできないエネルギーが存在するように空間領域が振る舞うことを示しました。このエネルギーは空間全体に存在し，いくつかの驚くべき効果を生み出すのです。このうち一つは，1948年にオランダの物理学者ヘンドリック・カシミール（1909～2000）が発見した，カシミール効果です。真空力とも呼ばれるこの現象は，2枚の導電板が向かい合って配置されているときに発生します。マクスウェルの方程式によると，板の間で維持できるのは特定の状態の零点エネルギーのみであることがわかります。これにより，板の間の総真空エネルギーが板の外側よりも少なくなり，

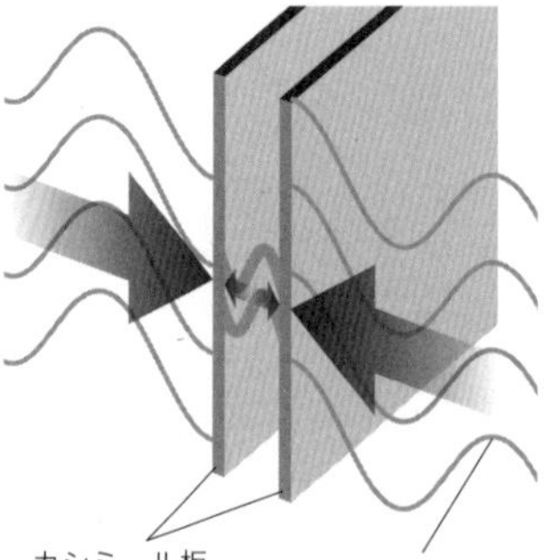

カシミール効果は，量子真空の零点エネルギーの一例である。

板にかかる圧力の差が生じ，板を互いに引き合わせるのです。

自然放出は，特別な状況でだけ起こるプロセスではありません。私たちがいつも浴びている，太陽からの光の源そのものなのです。太陽の光球に含まれるすべての原子で，自然放出の作用によって励起と脱励起が起こっています。

また，真空状態は，空間を囲む導電性の空洞の特性の変化によっても影響を受けます。1985年のランドール・ヒューレットによる実験やほかの実験でも，小さな金属性の空洞内の原子は，空洞の外の境界のない真空にある同様の原子とは極めて異なる自然放出の頻度になることが実証されています。1970年にカール・ドレクセジが最初にこの可能性を発見した際，一部の理論学者は，そのようなことは不可能であると主張しました。それまでの通説では，自然放出は，人間の指紋のように固有で，変えることができないという理解だったからです。1962年発刊の物理学の教科書『現代物理学の基礎』には，「自然放出の遷移確率は原子に固有の特性であり，原子が置かれている環境の影響を受けない」とはっきり書かれていました。しかし，この文は後の版では削除されました。

相対性理論と量子力学

新たな理論の開発が進むとき，その開発者と使用される数学の間において，驚くべきダイナミズムが時として起こります。理論の基本的アイデアと主眼は，理論学者の頭脳から生まれますが，論理一貫した方法に沿って思考を進めていくと，従来の概念を破壊する結論が導かれることがあるのです。ディラックは，自身の信条を次のように述べています。「数学が示唆する方向に自分自身を導くことを許すべきだ……スタート地点からまったく預かり知らぬ領域に導かれたとしても，数学的な概念を追求し，その帰結がどうなるかを突き止めなければならない」。もちろん私たちは人間ですから，数学が明らかにしている真実を信じることが難しいときもあります。ディラック自身，次の数学的発見を成し遂げた際には，茫然自失となったといいます。

1928年，ディラックは，電子の特性（基本電荷，質量，スピン）についての知識に，シュレーディンガーの量子論とアインシュタインの特殊相対性理論とを組み合わせて，新しい相対論的量子力学を構築しました。重元素の原子中の電子の有効速度は光速に近くなるため，量子論の拡張が必然であると思われたことに端を発して，両理論の統合が必要とされたのです。ニュートン力学とマクスウェル電磁気学が，相対論的理論として書き直されたのと同じことでした。ディラックは，深い洞察とひらめきによって，シュレーディンガー方程式の正確な相対論的変換を一度の草稿で文字通り書き上げました。

$$\left(\beta mc^2 + c\left(\sum_{n=1}^{3} a_n p_n\right)\right)\Psi(x,t) = i\hbar\,\frac{\partial\psi(x,t)}{\partial t}$$

ここで，量αとβは電子のスピン行列，pは電子の運動量演算子で各空間方向に一つ存在します。

反物質

相対性理論と量子力学の両方に合致する理論は，粒子のエネルギーについて常に同一の予言をしなければなりません。しかし，奇妙なことに，ディラックの相対論的理論は，物質について正と負の両方のエネルギー状態の存在を予言していました。相対性理論では，保存されるのは粒子の総エネルギーEではなく，$E^2 = p^2c^2 + m^2c^4$（pは粒子の運動量，mは質量，cは光速）で与えられる，エネルギーの２乗です。これは，質量mと運動量pをもつ粒子のエネルギーに対して，二つの解$E(+) = +\sqrt{p^2c^2 + m^2c^4}$及び$E(-) = -\sqrt{p^2c^2 + m^2c^4}$が存在することを意味し，それぞれ，正と負の$E$の平方根です。したがって，必然的に負のエネルギーが生じることになるのです。なお，負のエネルギー状態は，特別な魔法などではありません。地球は太陽の重力場の中を運動しており，束縛された「粒子」といえますから，負のエネルギー状態にあるのです。電子は，原子核の電磁場内を運動しますから，電子の負のエネルギー状態$E(-)$も，惑星のような束縛粒子であることを反映しているだけなのでしょうか。しかし，この場合はそうではありません。原子から電子を引き離したとして，p^2c^2項を決める原子核の影響は確実に消失しますが，電子が空間のどこにあるかに関係なく，減らすことのできない電子の静止質量mによるエネルギー解$E(+) = +mc^2$及び$E(-) = -mc^2$が残るのです。

負のエネルギー状態は，正の状態よりも低いエネルギーをもち（負の量は常に正の量よりも小さいため），また，電子は可能な限り最も低いエネルギー状態を求めます。それにもかかわらず，$E(+)$状態のすべての電子が，直ちにすべての負のエネルギー$E(-)$状態へ落ちてしまうのを防いでいるものは一体何なのでしょうか。なぜ，宇宙のあらゆる物質は負のエネルギー状態の神秘世界へと

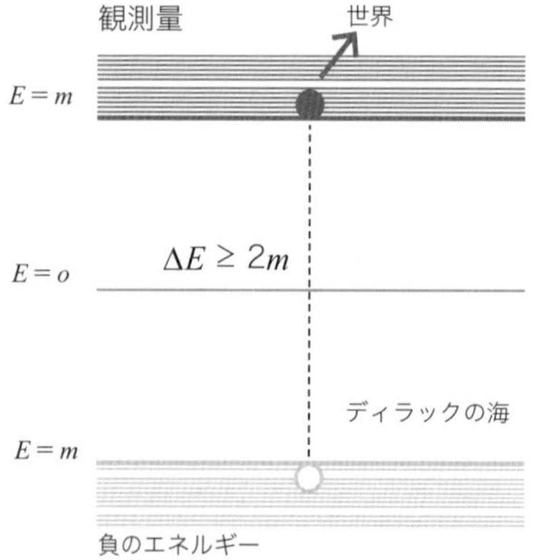

ディラックの真空は，反電子で満ちている。しかし，適切なエネルギー（$2mc^2$）をもつ光子は，電子－陽電子の対を生成することができる。

消えてしまわないのでしょうか。私たちの現実の世界は，確かにこの消滅する運命を回避しているのです。そこで，現実世界を説明する新しいレベルの相対論的量子論をつくるため，1930年にディラックは，真空の負のエネルギー状態はすでに満たされていると提唱しました。

ディラックの創案したエネルギー方程式は，一挙に空の空間に関する革新的な概念をもたらしました。量子力学的真空は，空ではなく，すでに負のエネルギー状態を占める無数の反粒子でいっぱいに満ちていると考えたのです。時折，これらの負のエネルギー状態のいくつかは空となり，その結果生じる孔（ディラック空孔）は，正に帯電した粒子とみなすことができます。ただし，この時点では，ディラックは数学の答えの解釈において自身の信条に従いませんでした。ディラック空孔の質量は電子の質量であると常に算出されるにもかかわらず，ディラックはこれらの粒子が実際には電子より1864倍重い正に帯電した陽子であると考えました。翌年，ヘルマン・ワイルが，ディラック空孔は電子とちょうど同じ質量でなければならないことを数学的に証明しました。これにより，ディラックの相対論的理論が正しければ，反対の電荷をもつ，電子と同一の粒子が自然界に必ず存在することになります。

1932年，カール・アンダーソン（1905～1991）は，ディラックの論文が出版される1年前に，反電子を発見していました。しかし，この発見の重要性は，ディラック空孔が予言されるまでは，すぐには理解されませんでした。1933年，パトリック・ブラケット（1897～1994）とジュセッペ・オッキアリーニ（1907～1993）は，ディラック空孔が実際には陽電子であると証明することに成功し，電子が空いた負のエネルギー空孔に落下するという現象は，電子と陽電子の衝突であると説明しました。衝突の結果，電子と陽電子はともに消滅し，$E = 2mc^2$ の総エネルギーをもち去る2個のガンマ線が生成されるのです。

カール・アンダーソンは，写真乾板の宇宙線の飛跡を研究して，反電子を発見した。

物理学の重要な二つの基盤である量子力学と特殊相対性理論の統合は，現実の世界の同じ住人である反物質の発見へつながりました。そして，陽電子の発見は，電子，陽子，中性子及び光子に新しい仲間を単に追加するというだけではなく，真空の中身に関するディラックの仮説に確証を与えたのでした。量子論的に見れば，真空は，いわゆる負のエネルギーの海に無数の反粒子が満たされた状態です。これらの反粒子は検出できないし，古い概念であるエーテルのようにも振る舞いません。しかし，特定の状況下では，この海の断片を新しい粒子，たとえば，陽電子または陽子自体のようにさらに重いものとして，現実の世界に取り入れることができます。真空状態は，本当は，とても混雑した舞台のようなものであることが判明したのです。やはり，アリストテレスとデカルトの考えは正しかったのではないかと思えてきました。自然は，数学的に完全な空虚として定義される真空状態を好まないようです。自然は，物質になれなかった幽霊のようなもので真空を満たすことを好んだのです。

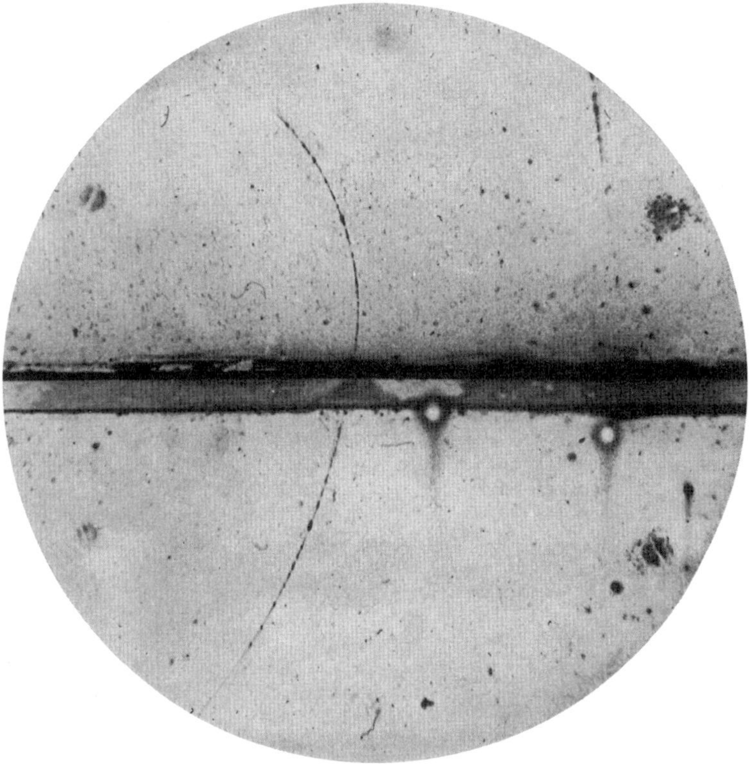

陽電子の霧箱写真

Key Points

- 電磁場のない真空中で起こる自然放出から，アインシュタインら研究者は，ハイゼンベルクの不確定性原理によって真空に零点エネルギーが存在するという考えにたどり着いた。
- カシミール効果は，真空に埋め込まれた新しい零点電磁場の存在を物理的に示す現象である。
- 特殊相対性理論と量子力学の統合によって，反電子の存在が予言され，その後に陽電子として発見された。
- ディラックの負のエネルギーの海は，通常の物質がこれらの負の状態へ崩壊して不安定にならないように，満たされていなければならなかった。
- 低いエネルギーのディラック空孔に落下する電子は，電子と陽電子が衝突し，電子と陽電子の静止質量の合計に等しいエネルギーのガンマ線のペアを生成する現象だと物理的に解釈される。

第9章

場の量子論

1924年，真の光の量子論の発展が注目されていた同時期に，原子が光を放出するメカニズムについて，別の視点も登場していました。ニールス・ボーア，ヘンドリック・クラマース（1894 ～ 1952）及びジョン・スレイター（1900 ～ 1976）が，光の量子性を完全に否定する大胆な提案をしたのです。純粋な古典的な記述へ最後の望みをかけて，彼らは，マクスウェルやほかの多くの研究に従って，光は厳密に連続的な現象であると信じていました。光の明らかな量子性は，いずれも，光が物質と相互作用することで生じると考えたのです。彼らは，エネルギー保存則は個々の原子の事象には厳密に当てはまらず，多くの相互作用が加わった場合に平均的な意味でのみ有効であると推測しました。各原子にひもづいた「仮想放射場」と呼ばれる概念を唱え，各原子のエネルギー状態間に対するあらゆるエネルギー差を運ぶ光子が存在していると考えたのです。たとえば，原子が6519オングストロームのスペクトル線を生成する場合，この必要エネルギーちょうどをもつ仮想光子が存在し，適切な条件下で発生するのを待っているということです。

ヴァルター・ボーテは，実験で，クラマース−スレイターの原子の仮想放射場理論を反証した。

仮想光子

上記モデルは，最終的に，1925年にヴァルター・ボーテ（1891 ～ 1957）とヨハネス・ガイガー（1882 ～ 1945）が行った実験によって反証されましたが，厳密なエネルギー保存則に反する仮想放射場が存在し得るという考えは，すぐに物理学の主流に再浮上することになります。仮想放射場のアイデアはハイゼンベルクの不確定性原理と組み合わせて，空間と物理的真空を解き明かす，次世代の最も重要な要素になるのです。そして，仮想光子は，典型的な原子の数千のスペクトル線が意味するよりもはるかに多く，そのエネルギーも多様であることがわかりました。

新たに発展した場の量子論では，同じ荷電の粒子を反発させ，異なる荷電の粒子を引き合わせる静電クーロン場は，電子から絶え間なく放出・吸収されている仮想光子で満ち溢れた場と考えることができます。各瞬間の光子と電子の総エネルギーを計算したとすると，電子が光子を放出し，再度吸収する準備をしている短い瞬間には，エネルギー保存則が破られていることがわかったのです。

前：　$E = mc^2$
途中：$E = mc^2 + h\nu$
後：　$E = mc^2$

光子がハイゼンベルクの不確定性原理で特定される時間より長く存在しないとすれば，自然界において，私たちはこのエネルギー保存則に反する現象を観察することはできません。

この仕組みを理解するのに，次のように考えてみましょう。光子のエネルギーが$E = h\nu$で与えられ，ハイゼンベルクの不確定性原理が$\Delta E \times \Delta t < h/4\pi$（$h$はプランク定数（$4.1 \times 10^{-15}$ eVs））であるとします。エネルギーの不確定性ΔEは，測定時間をΔtとして$h/(4\pi\Delta t)$に対応しています。そうすると，エネルギー$\Delta E = 1$ eVの光子は，検出を免れて電子に吸収される前に，$\Delta t = 3 \times 10^{-16}$秒より長くは生きられないのです。光子は，この儚い寿命の間に光速で動くとして，約300オングストロームの距離を移動することができ，その後にほかの電子に吸収されます。原子は直径わずか

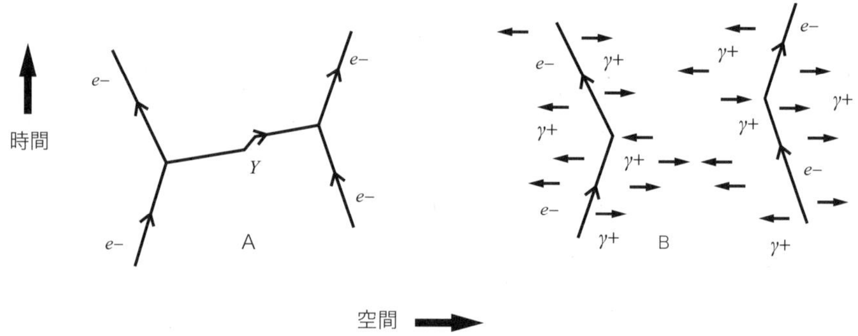

二つの電子間の仮想光子の交換は，互いに運動量変化を与える。これが，電子間に働く電磁気力である。

数オングストロームしかないので，仮想光子は，電子の影響を長距離にわたって伝達することができます。仮想光子は，別の電子または帯電した物体に吸収されて消滅し，クーロン力として働く運動量変化の撃力を与えます。

上記の過程には,「量子横領の原理」という面白いニックネームがついています。たとえば，１ペニーなら１年間にわたって横領できたとしても，100万ドルとなると捕まらずに横領できるのは１秒未満となります。この経済アナロジーは，税務調査官のように，自然は基本的に公正であることも指摘しています。自然と税務調査官は，指定された期間までに会計帳簿の収支バランスを合わせる時間を与え，会計処理の各過程で帳簿の収支を１ペニー単位で一致させることまでは要求しません。このような自然観が正しければ，仮想光子が自然から横領し得るエネルギーに制限はありません。ある光子は，その負債を返済するのに数分，数年，または数世紀かけることがあり，無制限の距離を自由に動き回ることができます。そのようにイメージすれば,クーロン力の範囲が非常に広い理由がわかるでしょう。最もエネルギーの少ない仮想光子は，自然のエネルギー帳簿の収支を一致させるためどこか別の場所の電子によって再吸収される前に，フィート，マイル，さらには光年を移動することができるのです。ここで，非常に短い距離で起こることに注目すると，難しい問題が発生します。仮想光子がとり得る波長に制限はないため，原理に従うと，仮想光子は太陽が10億年かけて生成するよりも多くのエネルギーを運ぶことができることになってしまいます。たとえば，仮想光子が，10^{-77}秒より長くは生きていない場合，または，生まれた場所の電子から10^{-67} cm以上移動していない場合，10^{50}エルグという莫大な値となります。このような短波長の仮想光子によって運ばれるエネルギーは無限とさえなり得るので，この厄介な「無限大問題」を超高精度で消し去るための何かが必要です。さもなければ，電子の質量は，トンのような大きな値で測定されることになってしまい，10^{-28} gの増分どころではなくなります。

物理的真空

1930年代の最初の数年間で，電子の「無限大問題」に対して，想像力に富んだ多数の解決策が編み出されました。ディラックは，陽電子と空の空間の特性を発見して間もなく，真空状態のさらに別の成分を発見しました。彼は，真空状態が電磁場の仮想光子と負のエネルギー状態と空孔の大きな海であることに加えて，物理的真空は，仮想の陽電子と電子のペアが豊富に存在する大きな釜でもあることを示したのです。仮想の陽電子と電子のペアは，ハイゼンベルクの不確定性原理に厳密に従って，空間の至るところに絶えず現れたり消えたりしているのです。このペアを電子の質量を計算する数学的過程に組み入れた理論学者としては，1934年にウェンデル・ファーリー（1907～1984）とJ・ロバート・オッペンハイマー（1904～1967），そして数カ月後にヴォルフガング・パウリとビクター・ワイスコフ（1908～2002）が続きました。彼らは数学的分析により，予想外の結

J・ロバート・オッペンハイマーは，その後の量子電磁気学の原形となった理論を用いて最初に数学的な計算を行った。

果にたどり着きました。電磁界で現れたり消えたりするペアは，電磁界にわずかに負のエネルギーを与えるということがわかったのです。ペアは，電子を取り巻く空間に真空偏極と呼ばれる効果を生み出します。ペアのうち，正電荷を帯びる陽電子は電子に引きつけられ，負電荷の仮想電子は電子からはじかれます。離れて見ると，陽電子は，電子の負電荷を部分的に相殺しています。その結果，電子の場の強さは十分に短い距離では弱くなります。しかし，この負のエネルギーでは，電子自身の電磁場が生む正の無限大を打ち消すには不十分でした。

お馴染みの結果に落胆して，ファーリーとオッペンハイマーは，必死になって考えた末，発生したばかりのペアの全エネルギー合計が自然に収束する限界値に最終的に達すると着想しました。たとえば，単純な調和級数 $1 + \frac{1}{2} + \frac{1}{3} + \frac{1}{4} + \cdots\cdots$ を考えてみましょう。これは，そのままでは無限大に発散しますが，最初の100万の項のみを加算すると，有限の答え14.3927が得られます。ファーリーとオッペンハイマーは，ペアの計算を収束させるのに適したスケールは，$\lambda = h/mc$ として定義される電子のコンプトン波長であると提唱しました。ここで，h はプランク定数（6.6×10^{-34} ジュール秒），m は電子質量（9.1×10^{-31} kg），c は光速（3×10^{8} m/s）で，コンプトン波長は0.0024ナノメートルの長さとなります。

電子のコンプトン半径は，硬い球体の大きさとは考えられなくなりました。そうではなく，相対性理論と量子力学といった従来の理論が適用できる時空の境界を表していました。そのため，境界を越えた領域では，新たな理論が必要なのです。類似を挙げると，音速は，飛行機を破壊し得る衝撃波などの新たな物理現象が出現する速度の目印です。飛行速度に対する物理的な限界や障壁ではないので，耐久性のある適切なデザインにすれば，音速を超えても飛行機は壊れません。この考えは，ジレンマからの脱却には合理的な方法だったので，多くの物理学者が，無限大の問題を解決するためにさまざまな試みを行いました。1961年にヴァルター・ハイトラ（1904～1981）が，この時空の内側の領域において，外側の領域と同じ物理法則に従うことを示す実験結果はまったく存在しないと指摘しました。この領域の境はカットオフ半径と呼ばれます。しかし，残念ながら，仮にカットオフ半径を電子の質量計算に考慮したとしても，実験と比較すると，予測された有限の解は誤りでした。計算の基礎とすべき理論に，まだ欠けている要素があるのです。

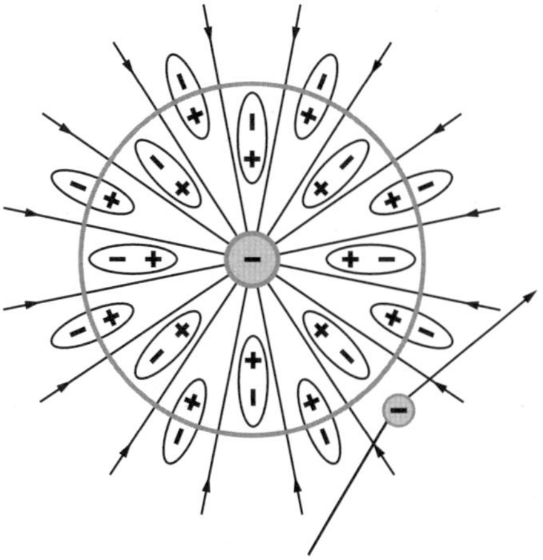

電子を真空に置いたとき，仮想粒子のペアが整列して真空を偏極させ，その電子のエネルギーと電荷がわずかに変化する。

場の量子論

相対論的量子力学を拡張して，電子と陽電子のペアを含めることで，真空という用語の意味をより豊かに解釈できるようになったことを見てきました。物理的な真空には，自然放出の過程を説明するための多数の仮想光子が存在しています。また，電子−陽電子ペアは，電子2個分の質量（$\Delta E = 2mc^2$）をもち，ハイゼンベルクの不確定性原理によって決まる約$\Delta t = (h/4\pi)(1/2mc^2) = 3 \times 10^{-22}$秒の短時間のみ存在して，そこに存在するあらゆる粒子や場に対して，大きな影響を与えます。しかしながら，これらの要素のいずれも，唯一で確かな予測を導出できる理論にはつながりませんでした。1940年までは，要素ごとに計算を進めても，電子の質量が急速には無限大にならないことをやっと示せた程度でした。これでは，空の空間の中の仮想光子と陽電子−電子ペアについてのあらゆる話は，まったくの空想にすぎないようにさえ思えてきます。

研究者の間には，量子電磁力学（Quantum Electrodynamics：QED）が彼らを導く方向や，現実世界で意味のある計算に戻れる方法を発見できるのか，ある種の不安感が漂っていました。無限大の問題が認知されるにつれ，多くの物理学者が，場の量子論は，電子が場とどのように相互作用するかを説明するのに適した理論ではないとさえ考えるようになりました。ワイスコフは，次のように回顧しています。「当時，真空を満たすものとディラックの陽電子理論を，誰も本気で信じていなかった。そして，理論はたちの悪いものだった。……多くの人が『もううんざりだから，（代わりに）原子核物理学をやろう』と言っていたのだ」。他方で，引き続き研究に魅せられた理論学者にとっては，この新分野はとても魅惑的でした。鉱脈を探し求める探検家のように，彼らは，理論をもう一つ調整して，無限大を除去する数学的手法を一つ発見するだけで成功すると強く確信していました。

QEDに関する研究の多くは，第二次世界大戦によって中断されました。第二次世界大戦中，かつてQEDの初期の発展に従事していた多くの物理学者は，その才能を原子爆弾の開発に注ぐように迫られました。おそらく，研究者が本当に必要としていたのは，休息だったのでしょう。確かに，原子爆弾の研究に専念することで，場の量子論から離れる時間がたっぷりできました。第二次世界大戦が終わり，物理学者が安心して学問に打ち込める環境に戻ったとき，研究は新たに再開され，皆の熱意は大いに高まっていました。そのとき，今までの量子力学ではうまく説明できない新しいデータがでてきていました。それを予測できたのは，曖昧な生まれたばかりのQED理論だけだったのです。

ラムシフト

1947年，コロンビア大学において，ウィリス・ラム（1913～2008）と教え子のロバート・カーティス・レザーフォード（1912～1981）は，電子の新しいタイプのエネルギー変化を検出したと発表しました。彼らは，第二次世界大戦中に開発されたマイクロ波技術を使用して，水素原子の二つの電子状態のエネルギーを測定することに成功しました。ディラックの相対論的形式論を用いた計算からは，二つのエネルギーは等しいと予測されていました。しかし，彼らは，実際の測定値が1000万分の4の割合で

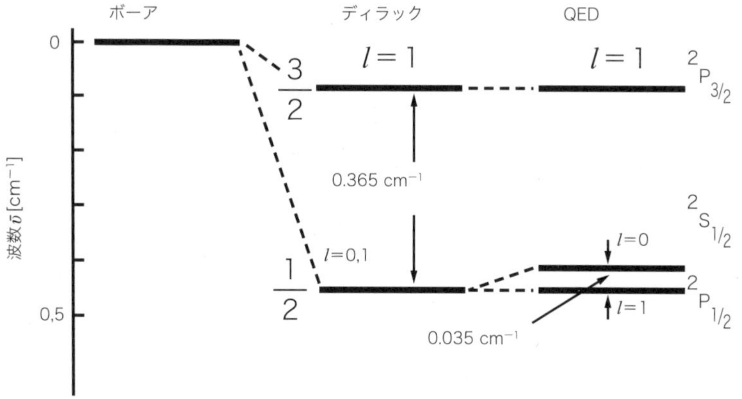

ラムシフトは，真空状態に存在する仮想粒子の影響によって起こる原子内部電子のエネルギーのわずかな変化である。

予測値と異なることを発見したのです。この電子のエネルギー準位のわずかな変化は，ディラック理論が要請する域を超えていました。その正体は，電子と電子自身の電磁場との相互作用の効果だったのです。まさに，約17年前にオッペンハイマーが計算しようとしていたものでした。ハンス・ベーテが，簡単な計算を行ってラムシフトの予測値を計算したところ，結果は，ラム-レザフォード測定と合致していました。ただし，フリーマン・ダイソンがこの時期を振り返っているように，ベーテの計算は「……物理的直観によってまとめられた古い考えの寄せ集めで，確固たる数学的根拠はありませんでした。さらには，アインシュタインの相対性理論の原理とも合致していませんでした」

ファインマン・ダイアグラム

1940年代終盤までに，ジュリアン・シュウィンガー（1918～1994），フリーマン・ダイソン，朝永振一郎（1906～1979）及びリチャード・ファインマン（1918～1988）が尽力したことによって，QEDは，電子や陽子などの荷電同士や光との相互作用を完全に記述するのに適した理論となり

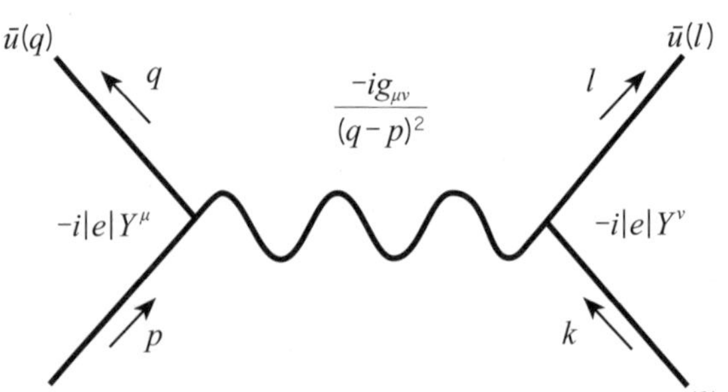

ファインマン・ダイアグラムは，光子（本図の波線）などの仮想粒子の交換を伴う量子過程の確率を計算するために，乗算の必要がある数学的要素を図に示す。なお，相互作用中に実際に起きていることの「写真」ではない。

ました。さらに，ファインマンは，さまざまな現象の仕組みを図式化（ダイアグラム化）する方法を考案しました。ファインマン・ダイアグラムでは，電子は，時間の向きを指す矢印のついた実線で描かれ，空間を移動する電子の軌跡（相対性理論では世界線と呼ぶ）を表します。光子は，電磁力の伝達に関わる別種の粒子であることを示すために，波線で描かれます。交点は頂点と呼ばれ，光子（電磁場）が粒子と相互作用する瞬間を表しています。4次元のスナップショットの考えにより，ダイアグラムは過程全体を最初から最後まで全体として表すため，経過中のある時点の現象の時間的な発生順序は重要ではなくなるのです。

たとえば，電子が陽電子と相互作用する単純な過程で，発生する現象を時間的に順序づけると次のとおりになります。「元の電子は点Aで陽電子によって消滅し，その結果，2個のガンマ線が生成される」。ファインマンの再解釈によると，この過程は，次のように表されます。「電子は点Aで真空によって散乱され，2個の光子を放出する，そして，電子は時間をさかのぼって点Cに移動する」。粒子が時間をさかのぼって移動するという概念は，奇妙ではありますが，数学には確固たる基盤があります。1942年以来，時間に沿って進む陽電子は，数学的には時間を逆行する電子として扱うことができると知られていました。電子と陽電子という2個の別々の粒子ではなく，1個の電子が時間軸の中で前後にジグザグに動いているだけなのです。この考え方に基づけば，空間内での陽電子－電子ペアの突然の出現と消失は，閉じたループ内で，生成と消失という二つの瞬間の間を無限に循環する1個の電子を表しています。

一見すると難しそうかもしれませんが，ファインマン・ダイアグラムは，方程式のさまざまな項の記号にすぎず，もっと簡単に考えることができます。電子工学では，抵抗，コンデンサ，トランジスタを表すために特定の任意記号を使用します。この記号は，楽譜における音符のようなもので，電子がラジオやコンピュータの回路を走り回っているときの実際の作用とは，明確な関係はありません。しかし，これらの記号パターンは，何百万もの個別の要素からなる，驚くほど複雑な機器を論理的に設計するのに有用なのです。QEDでも，最終結果を導くために乗算する必要のある項を追跡するのに役立ちます。ダイアグラムの各要素は，ほかのすべての因子と掛け合わされる特定の因子であり，特定のダイアグラムが過程全体にどの程度寄与しているかを判断し評価されます。たとえば，前ページの図は，静電クーロン力を介して相互作用する2個の電子を示すもので，ファインマンが考案した一連のルールに従い，すべての空間を総計して，この特定のグラフの「振幅」（つまり確率）を計算するための次の式が導かれます。

$$A = (-ie)^2 \bar{u}(q)\,\gamma^{\mu} u(p)\,\frac{-ig_{\mu\nu}}{(q-p)^2}\,\bar{u}(l)\,\gamma^{\nu} u(k)\,\delta(p+k-q-l)$$

ダイアグラムは，電子は空間の中できちんとした狭い軌道をたどらないという量子力学の決まりごとに従っていないように思えるかもしれません。それでも，ファインマンとシュウィンガーが同じ過程の結果を計算する方法を比較してみると，結果は同じだったのです。ファインマン・ダイアグラムの各要素は，シュウィンガーが用いた複雑な数学形式の項ないし因子と，1対1で合致させることができました。シュウィンガーの形式的な数学を用いて答えを導き出すには数週間かかるところを，ファインマンの図式を用いた方法では，同じ計算なのにたった数時間で済んだのです。

リチャード・ファインマン

リチャード・ファインマン（1918～1988）はニューヨークのファー・ロッカウェイで育ち，MIT（マサチューセッツ工科大学）で学部生として工学を専攻した後，1942年にプリンストン大学で物理学の博士号を取得しました。マンハッタン計画に関わった後，経路積分法を適用することによって，QEDの多様な計算に用いるファインマン・ダイアグラムとシンプルな図式ルールを考案し，QEDに大きく貢献しました。そして，カリフォルニア工科大学では，陽子のパートン模型（クォーク模型を補完する模型）と超伝導の問題に取り組みました。ファインマンは，QEDの基礎を築いた功績が認められ，ジュリアン・シュウィンガーと朝永振一郎とともに1965年にノーベル物理学賞を受賞しました。また，1986年のスペースシャトル・チャレンジャー号事故の調査委員会委員も務め，原因を解明しています。その後，彼は，1988年に脂肪肉腫で没しました。次のような最期の言葉を残しています。「二度死ぬなんてごめんだ。まったくつまらないよ」

リチャード・ファインマン

実験面では，ディラックは最初にQEDを用いて，電子の異常磁気モーメント（$g-2$）の大きさを計算しました。これは，理論家と実験家の間で続いた競争の頂上決戦ともいえました。この効果の計算は，数学的に明確に定義されていますが，面倒なものです。2015年，木下東一郎とコーネル大学の彼のグループは，10個の光子を伴う10次のQED補正を計算し，（$g-2$）＝0.001159652181643±0.000000000000023を導出しました。これには，12,000を超えるファインマン・ダイアグラムの評価が含まれていました。ハーバード大学のディビット・ハンネケと彼の同僚が決定した実験からの値は，（g−2）＝0.001159652218073±0.00000000000028でした。両者の違いはわずか１兆分の１です。

このような高精度の計算が行えるにもかかわらず，一部の研究者は，QEDは本質的な要素，ある重要な基本原理が欠けているとみていました。QEDは単なる計算手法を集め，それで修正したものであり，そもそも「理論」なのかという議論がありました。理論的観点からは，QEDの成功の鍵は，繰り込みと呼ばれる数学的手法をいち早く導入したことでした。繰り込みにより,初期に悩まされたさまざまな無限大問題が解決されたのです。

繰り込みは数学的手法で,方程式に登場する電子の質量m及び電荷q（裸の質量と裸の電荷という）は，実際に観察される質量及び電荷と同じではないという考えに根ざしています。測定する質量と電荷は，物理的真空とその中を現れる仮想粒子との相互作用によって変化するのです。裸の電荷は，仮想電子−陽電子ペアの出現によって部分的に遮蔽《しゃへい》されます。ここで，裸の電荷と真空遮蔽を別々に扱うと，それぞれ無限大を示す計算になってしまいます。しかし，これら二つの無限大は反対の符号をもつため，電子の電荷を，q（測定）＝q（裸）＋q（真空）として単純に再定義すると，二つを合わせて有限の結果を得ることができるのです。同様の問題は電子の質量についても起こるため，繰り込み後，m（測定）＝m（裸）＋m（真空）が得られます。このように，初期の場の量子論をこのように繰り込むことによって，QEDの現代理論が導出されたのです。一部の物理学者は，この繰り込みの手法のため，QEDの計算が現実の実験結果とどれほどよく一致していても，QEDは不完全で深刻な欠陥のある理論と考えました。繰り込みは，欠陥のある理論をうまく機能させるための修正で，その場しのぎのように見えたのです。論理矛盾のない数学的形式主義に情熱を注いでいたディラックでさえ，1984年に次のように述べています。「QEDが限定的に成功しているため，多くの人が“QEDの成功に”満足している。しかし，これで十分ではない。物理学は厳密な数学に依拠しなくてはならない。既存理論の基本的な考え方は間違っていると結論づけられる。新しい数学的基礎が必要とされている」。ファインマンは，その著書『光と物質のふしぎな理論　私の量子電磁力学』(1985年，邦訳：2007年，岩波書店)の中で，繰り込みを「浸漬法」と呼び，ただのまじないにすぎず，最初から無限大発散が発生し得ない，真に一貫性があるより優れたQED理論の発見を妨げているとまで主張したのです。

しかしながら，ハインリヒ・ヘルツの1894年の先見性は正しかったといえます。QEDが確立される約50年も前に，ヘルツは『新形式の力学原理』を上梓し，「均整のとれた，完全かつ法則に準拠する宇宙のイメージをつかもうとするなら，目に見えるものとともに，目に見えない背後にあるものを想定しなくてはならない。“私たち”は感覚の限界を超えて，隠れた共謀者を想像しなくてはならない」と記していました。現在では，特定の制御可能な条件下で，数学的な双曲線のレベルをはるかに超える目に見えない共謀者を明るみに出すことができます。たとえば，重い原子核を衝突させることで，真空をスパークさせて電子と陽電子のペアを放出させることが可能です。イエール大学の物理学者ジャック・グリーンバーグ(1927～2005)と，ドイツのゲーテ大学のウォルター・グライナー(1935～2016)は，原子番号が$Z=173$を超えると，原子核の電磁場が非常に強く，自発的に仮想陽電子が生成されるほど不安定になることを分析しました。ウラン原子を衝突させることで，そのような状態を一瞬つくり出し，スパークするQED真空のかすかなきらめきを検出することができます。

これまでのところ，かつて主流であった電磁波の媒介物質としてのエーテルの概念は，電気力学からは完全に排除されたといえます。エーテルは，仮想光子の電磁場の量子論に置き換えられました。また，遠隔作用に関する疑問は，最初に局所電場へ，次に相互作用する仮想粒子へと置き換えられました。謎めいた古典場は，同じくらい謎めいた量子場に変わりました。現在，私たちは，遠隔作用の仕組みを長考する代わりに，仮想粒子自体が何者であるかについて悩まされています。この新たな現実があなたの頭痛の種になりそうなら，よい仲間がいます。リチャード・ファインマンは，1964年にMITで開催されたメッセンジャー講義で，量子力学について次のように述べています。「誰も量子力学を本当には理解していない。『でも，どうしてそんな風になるのか』と問い続けるのはやめたほうがいい。袋小路に行きつくだけだ。どうしてそんな風になるのかは誰にもわからないのだから」

ここまでで，私たちは，シュレーディンガーの量子論，パウリとディラックによる同理論の改良，そして，それらの最終的な後継と目される理論にまでたどり着きました。何十人もの理論学者の長年にわたる努力を経て，繰り込みはQEDの完成と繁栄に主要な役割を果たすことになりました。しかし，QEDの犠牲となったのは，ほかならぬ電子そのものでした。

QEDが機能するためには，電子は空間内の数学的な点であることが必須です。そうでなければ，相対性原理に反し，電子の形を見るためには絶対座標系を定義する必要があります。量子電磁力学を用いて電子の「裸の」質量または電荷を導出するという希望は，計算から無限大を消すために取り入れられた繰り込み技法によって打ち砕かれました。ユークリッドの五つの公理や相対性理論における光速の一定性のように，電子の電荷と質量の値は予言できません。その値は測定して，その後手で方程式に加える必要がありました。物理学者は自然と悪魔の取り引きをしたのです。無限大という解を望まないのなら，「電磁場なしで電子はどのように見えるのか？」のような愚かな質問をするなと。電子の場を「オフ」にすることはできないのですから，この取り決めはそれほど不公平なものとは思えません。私たちが量子論で雑然と用いていた質量と電荷は，現実に測定したものではなく，はるかに抽象的なものであると，自然が教えてくれているのです。

QEDはまた，ハイゼンベルクの不確定性原理に則る自然によって直接の視界からは永遠に遮蔽された，目まぐるしい活動的な海で満ちている物理的な真空を前提としています。真空状態に関するこのような新たな概念なくしては，QEDの数学は機能せず，多数の実験結果も，一つの理論的予測による解明など不可能だったでしょう。目下のところ，QEDは物理学の大業績の一つです。歴史的に，唯一の競争相手は，ニュートンの物理学とその後継である特殊相対性理論だけでしょう。QEDの素晴らしい特性と，特に電気力学の過程を記述するためのファインマンの図式法は，私たちが空っぽの空間と考えている真空を今や物理的真空と呼ばなくてはならない内容を数学的に正確に描くことを可能としたのです。

次の章で説明するように，量子レベルで電気力学を説明するためのQED理論は，1950～1970年代にかけて大幅に拡張され，素粒子物理学でも重要な役割をもつ自然界の二つの新しい力――強い核力と弱い核力――を含めるようになります。

Key Points

- 場の量子論は，電子と光子の相対論的理論であり，力の場を，ハイゼンベルクの不確定性原理に依拠して交換される仮想粒子の雲として記述する。

- 仮想光子は，電子によって交換されているとき，エネルギー保存の法則を破ることができる。ただし，ハイゼンベルクの不確定性原理によって制限される時間内に限られる。

- ラムシフトは，原子内の電子と仮想粒子の相互作用，及び物理的真空中で起こるプロセスを示している。

- ファインマン・ダイアグラムは，電子と光子のシステムが物理的真空と相互作用するときに可能な仮想プロセスを表している。ただし，それらの相互作用が空間と時間の中でどのように現れるかを描いた「写真」ではない。

- 繰り込みは，電子の電荷と質量を再定義して無限大を相殺することで無限大発散を取り除く技法である。繰り込みの導入によって，量子電磁力学（QED）は発展を遂げた。

第 10 章

標準模型

1950〜60年代にかけての相次ぐ発見に続いて，自然界に必要不可欠な要素である新しい素粒子が，世界中の高エネルギー加速器の実験場で発見されました。以下の議論では，アインシュタインの方程式$E = mc^2$に従って，質量とエネルギーの等価性に基づいた電子ボルト（eV）の単位で粒子の質量を扱います。なお本書では，質量を厳密にeV/c^2と表記する代わりに，物理学の慣習に則り，等価のeVを用いて記述します。この表記でも，キログラム単位で正確な質量を記述するc^2による除算は考慮されています。また，MeVは100万eV，GeVは10億eVを表します。

お馴染みの電子（0.5 MeV）には，ニュートリノと呼ばれるパートナー（対となる素粒子）がいます。さらに，重い電子と考えられるミューオン（105 MeV）とタウレプトン（1.777 GeV）の二つが発見されました。このミューオンとタウレプトンには，それぞれ固有のパートナーであるニュートリノが伴うこともわかりました。現在，これらのいわゆるレプトンは，電子とニュートリノの対を世代と呼び，ミューオンとタウレプトンの対も加えて3世代あり，それぞれが前の世代よりも重いのです。そして，1975年以降は，タウレプトンよりも重い新しい世代のレプトンは発見されていません。一方，陽子と中性子には，新たに数十個の重い粒子が仲間に加わりました。1950年代から現在にかけてまで，加速器で「原子を粉砕する」ことでそれらの重たい粒子の発見が続きました。1960年代初頭，マレー・ゲルマン（1929〜2019）とジョージ・ツワイク（1937〜）は，毎年のように発見されて急増していく重たい粒子の分類手法を単純化するために，重たい粒子の内部にあるクォークの存在を提案しました。アップ（U）とダウン（D）という第1世代の2種類のクォークがあり，3個が結合して陽子（$U + U + D$），中性子（$D + D + U$），及びその他の比較的質量が軽い粒子を形成します。次いで，ストレンジ（S）とチャーム（C）クォークが第2世代を形成し，さらに重いトップ（T）とボトム（B）クォークがクォークファ

	クォーク		レプトン	
第3世代	t トップ	b ボトム	τ タウ	ν_τ タウニュートリノ
第2世代	c チャーム	s ストレンジ	μ ミューオン	ν_μ ミューニュートリノ
第1世代	u アップ	d ダウン	e 電子	ν_e 電子ニュートリノ

標準模型では，6種類のクォークと6種類のレプトンが物質を構成する基本的素粒子である。これらは，3世代に分かれており，世代が上がるにつれて重くなる。

ミリーの第3世代を締めくくります。レプトンとクォークはすべて1/2のスピンをもつフェルミ粒子（フェルミオン）で，それらの反粒子とともに，標準模型と呼ばれる理論の構成要素となります。多大な努力と費用をかけた研究にもかかわらず，1995年以降，トップクォーク（173 GeV）よりも重い新たなクォークは発見されていません。物質が素粒子の小さな集まりへと還元されるとともに，それらを統制する力の数学記述は，飛躍的な発展を遂げました。すでに見てきたとおりマクスウェルは電場と磁場の統一的な描像をつくりました。特殊相対性理論と量子力学の基本法則が確立されると，電磁場は量子化され，1949年にQED（量子電磁力学）が誕生しました。そして，1955年までには，中性子の放射性崩壊（弱い核力）や，中性子と陽子の原子核への強い結合（強い核力）など，さまざまな素粒子プロセスを統制する，二つの力が特定されました。しかし，これらの核力については，力がどう作用するかの簡単なモデルがあっただけで，QEDのような量子理論はもとより，少しだけ類似した理論でさえまだわかっていませんでした。一方で，理論のあるべき姿については，いくつかの興味深い手がかりがありました。

力に関する湯川理論

湯川秀樹は，自然界の基本的な力の源として，最初に粒子の交換理論を研究した。

その20年ほど前，湯川秀樹（1907～1981）は，陽子と中性子の間を粒子が交換することによって，強い力が生み出され，ハイゼンベルクの不確定性原理によってその力の到達範囲が決まると提案していました。最終的に，この湯川粒子（実際にパイ中間子またはパイオンという三つの異なる粒子）は，1947年にセザーレ・ラッテス（1924～2005）とジュセッペ・オッキアリーニ（1907～1993）によって発見され，湯川秀樹は，同理論により1949年のノーベル賞に輝きます。強い力だけでなく，弱い力のモデルとしても類似の交換過程が考えられ，1950年代の理論の論文には，力を媒介する質量をもつ粒子の交換を伴う，強い力と弱い力に関する場の理論の案があふれていました。

湯川の考えは，「ハイゼンベルクの不確定性原理の下で，力を運ぶ，質量のない仮想光子が交換される」というQEDの基本理論から考えられたものでしたが，湯川粒子は固有の質量をもつとされました。その結果，湯川が提唱した数式は，生じる力の範囲が指数関数の形式となります。

$$F=f(x)e^{-\frac{x}{r}}$$

ここで，rは，$\Delta E=(h/4\pi)/\Delta t$，$\Delta E=mc^2$のようにハイゼンベルクの不確定性原理によって定義された力の範囲です。時間の不確実性Δtは，光の速度を介して力の範囲に関連づけることができ，$r=c\Delta t$と表せるので，力の範囲と交換粒子の質量の関係は次のとおりに記述できます。

$$r = \left(\frac{h}{4\pi}\right)\frac{1}{mc}$$

湯川モデルに従うと，パイ中間子の質量135 MeV（2.4×10^{-28} kg），プランク定数$h = 6.6 \times 10^{-34}$ kg m/s^2，$c = 3 \times 10^8$ m/sを入れると，パイ中間子による強い力の範囲は約7.3×10^{-16} mと算出されます。これは，平均的な原子核の半径に匹敵します。原子核の中では，陽子の強力な静電荷による反発に対抗して，強い力によって中性子と陽子は結合し束縛された系として存在できるのです。

ヤン-ミルズ理論とクォーク

その後，1954年，楊振寧《ようしんねい》（1922～）とロバート・ミルズ（1927～1999）は，ブルックヘブン国立研究所で，短いながら大変に影響力をもった論文『Conservation of Isotopic Spin and Isotopic Gauge Invariance（アイソスピンの保存とゲージ不変性）』を発表しました。彼らは22個の一連の方程式によって，粒子と相互作用し，さらに電荷を運ぶ場の量子が存在するという，場の理論の基礎を説明しました。電磁力学では，光子は電荷をもっていませんが，それでも電荷を帯びた粒子と相互作用します。ヤン-ミルズ理論においては，核力は，アイソスピンという核の「電荷」も運ぶ場の量子によって生じます。その量子は，強い力の相互作用が複雑に絡み合う中で，陽子や中性子そして自身とも相互作用するのです。

前述したように，1960年代初頭，マレー・ゲルマンとジョージ・ツワイクは，粒子の分類手法の単一化を模索し，素粒子のクォーク構造を提案しました。彼らは，SU（3）という数学的な方式を採用しました。これは，クォークなどの特定の要素（素粒子）が一連の数学操作の下で従う，対称性

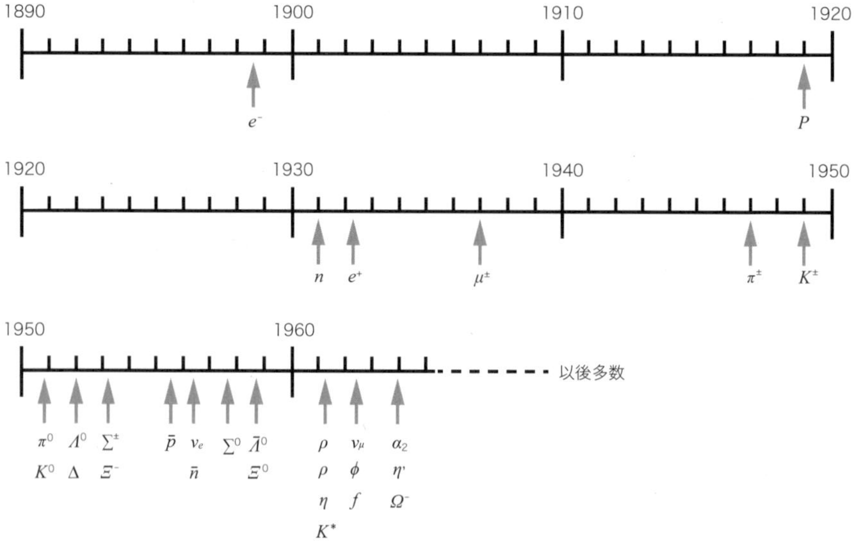

粒子発見の年表

原子核物理学におけるクォークモデルの提唱者の一人，マレー・ゲルマン。

のグループを決定するものです。対称性と保存量との数学的関係は，1915年にエミー・ネーター（1882～1935）が一般相対性理論の研究に基づいて提唱したもので，物理学者は，この関係を知っていたのです。たとえば，時間変数をtから$-t$に変更しても，粒子の総エネルギーの方程式は変わりません。つまり，エネルギーが保存するということです。同様に，粒子の運動量の場合，空間変数をxから$-x$に変更しても，運動量は変化せず保存します。主にエヴァリスト・ガロア（1811 ～ 1832）が開発した群論という数学分野では，岩石の結晶から純粋な代数的構成まで，あらゆるものの幾何学的対称性を分析します。ゲルマンとツワイクは，ネーターの定理を，クォークのアイソスピン保存の研究に適用した結果，次数3の特殊ユニタリー群（SU（3））という特定の対称群によって特徴づけることができる，対称性の構造を発見したのです。

エミー・ネーター

エミー・ネーター（1882 ～ 1935）は，抽象代数学と理論物理学に大きな貢献をしたドイツの数学者です。アルバート・アインシュタインは，彼女を数学史上最も重要な女性の一人だと称賛しています。彼女は，1915年にアーランゲン大学で数学の博士号を取得した直後，デビッド・ヒルベルトからゲッティンゲン大学の数学部門に招かれました。そこで彼女は，一般相対性理論の問題を検証するよう依頼され，「物理系の微分可能な対称性に保存則が付随する」というネーターの定理を証明しました。これは，理論物理学の進歩の指針となるとても重要な定理でした。1933年，彼女は第三帝国によってドイツから追放され，アメリカのブリンマー大学の教授に就きました。その後，1935年に卵巣のう胞手術後の合併症で逝去しました。

エミー・ネーター

SU（3）対称性の帰結として，分数電荷をもつ三つのクォークが存在します。それでは，クォークを結びつけるものは何でしょうか。パイ中間子

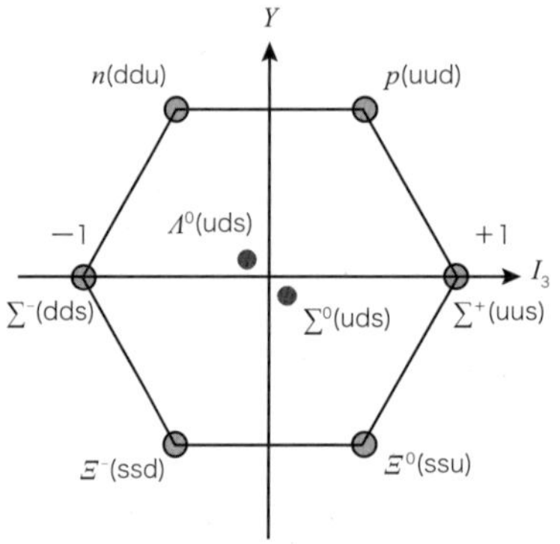

中性子(n)と陽子(p)に関連したバリオン族は，SU(3)対称性に基づいて，アップ(u)，ダウン(d)，及び，ストレンジ(s)クォークから構成される。

は，それ自体がクォークで構成される複合粒子ですから，結びつけている存在ではありません。クォークを結合させる強い力には，新しい量子粒子が必要でした。間もなく，南部陽一郎(1921～2015)と韓茂栄《ム・ヨンハン》(1934～2016)が，グルーオンという量子粒子がクォークを結合するという考えを提唱しました。クォークのSU(3)対称性を保つためには，「カラー」と呼ばれる，強い力に対する新たな「電荷」の組みを運ぶ，8種類の異なるグルーオンが必要となります。この理由は，一般的なSU(N)群には，対称性を保つ合計N^2−1回の作用があるためです。N＝3の場合は，N^2−1＝8の異なるグルーオン(作用に対応)が存在して，その交換はカラーを保存する対称性を保ちます。強い核力を生み出す源は，それまで想定されていたパイ中間子の交換ではありませんでした。実際にその役割を果たしていたのは，質量のない，光子のごときグルーオンだったのです。

グルーオンによって媒介される強い力は，SU(3)に基づいたヤン-ミルズの場の理論を適用することで，QEDに倣って，首尾一貫した場の量子論へと急速に確立されていきました。そして，1970年代初頭，同理論とその計算手法は，マレー・ゲルマンによって，量子色力学(Quantum Chromo Dynamics：QCD)と名づけられるに至ったのです。SU(N)対称性に基づくヤン-ミルズ理論がQEDと同じように受け入れられた理由の一つは，1972年にヘーラルト・トホーフト(1946～)が，それらすべての理論は繰り込み可能であることを証明したからです。繰り込みによって，1970

年代までに知られていた重力以外の力を統一的に記述する基礎として，場の量子論を受け入れる最後の障壁が取り除かれたといえます。

QCDは静的な理論ではありません。

QEDが，光子，電子及び陽電子などの仮想粒子間で起きている，見えないけれども豊富な電磁現象で真空を満たしたことを思い出してください。この段階の真空構造は，量子化された電磁場と，ハイゼンベルクの不確定性原理によって許容される個々のエネルギーのやりとりの賜物でした。これまで見てきたとおり，現在では，上記の真空に，クォーク－グルーオンの場がもたらすあらゆる仮想プロセスを加えることができます。この第2段階の真空は，クォークが電磁的な電荷（＋2/3及び－1/3）をもっているという事実から，電磁的な真空と必然的に結びついているので，電磁的な真空状態の効果を受けるのです。さらに，十分に高いエネルギーの光子は，その束の間の生の一部を仮想的なクォーク－反クォーク対として過ごすことができ，その相互作用はQCDの場の量子論によって記述できるのです。

ヘーラルト・トホーフトは，QCDが，QEDと同じ手法で繰り込み可能な理論であることを証明した。これは，両理論の関係を示す重要な技術的証明であった。

電子の異常磁気モーメント（$g-2$）など，ほぼ電磁相互作用によって決まるある種の現象だけを考慮すれば，QED真空の影響だけをQCD真空から分離することが可能です。実際に，QEDの計算からは，0.001159652181643の値が導出でき，これは，実験結果a_e＝0.00115965218073と1兆分の1の精度で一致しています。比較すると，a_eへの強い力の寄与と弱い力の寄与はわず

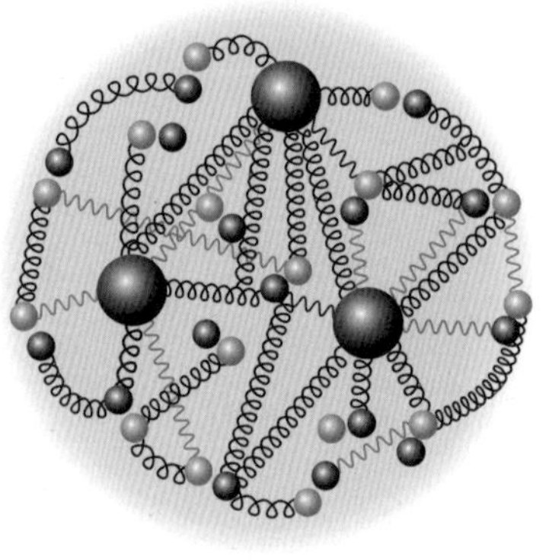

陽子の内部では，三つのクォーク（大きい球）がグルーオンを交換して相互に作用する。また，クォーク–反クォークの対（小さい球）は，真空から現れ，ほかのあらゆる成分と作用することができる。

かで，それぞれ0.00000000000167と0.000000000000036の値しかありません。

電子の兄弟である，質量の重い素粒子ミューオン（またはμ中間子）も，同じように異常磁気モーメントを有しますが，その値の計算を正確に行うためには，QCD真空を考慮する必要があります。QEDの寄与は，$a_{\mu}=0.00116584718113$と計算され，QCDの寄与は0.00000000154です。測定値は，$a_{\mu}=0.0011659209$になります。

1975年に発見されたタウレプトンは，質量1.77 GeVとミューオンよりもさらに重いため，QCD真空のよりよいプローブとなっています。1991年にオクラホマ州立大学のマーク・サミュエルとギューオン・リー及びウェスタンオンタリオ大学のロベルト・メンデルが，タウレプトンの異常磁気モーメントを計算し，$a_{\mu}=0.0011773$の合計値のうち，QEDは0.00117319で，QCDは0.00035も寄与することを発見しました。QCD補正はミューオンの227,000倍強力です。ただ，残念ながら，2011年の時点での最も高精度な測定値の範囲は，タウレプトンの異常磁気能率が-0.007から$+0.005$の間であるということだけです。予測値とそのQCDへの寄与を実験で検証するまでには，この先長い時間待たなくてはなりません。

粒子質量の予測

QCDの最も直接的な検証方法は，クォークで構成された粒子自体の質量を計算することです。しかし，これらの計算は困難を伴います。無数のファインマン・ダイアグラムからの寄与を加算していく計算手法が開発されていないからではありません。今日の地球上のどのコンピュータも膨大な計算に耐えられないためです。QEDでは，驚くべき精度でラムシフトの予測値が，数千のファインマン・ダイアグラムからの寄与を計算することによって導かれます。これらのファインマン・ダイアグラムのほとんどは，計算全体への寄与が急激に小さくなるため，完全に無視することができました。他方，強い力は，電磁力の約100倍も強いために，そのようなショートカット（無視）が不可能なのです。QEDと同等の精度を得るためには，QCDでは，グルーオン同士及びクォークとの間で交換される多数のグルーオンを表す何百万ものダイアグラムを計算しなければなりません。1940年代の理論学者がQEDの有限計算を模索し繰り込み理論に頼ったように，QCDを研究する理論学者は，有限結果を与える計算手法の近道を探して，格子ゲージ理論という手順にたどり着きました。それでも，QEDと比べると，その結果はまだまだ十分ではありません。

格子理論は，原子核内の世界を，時空の格子として近似します。クォークは格子の節を自由に占有でき，グルーオンは格子内の桟の狭い道筋を移動すると考えます。現時点での最先端技術を用いると，格子間隔0.06×10^{-13} cm（0.06フェルミ），全体のサイズ2.5フェルミの格子が設定できます。これは，適度な大きさの原子核を包含するのに十分な大きさです。鍵となる難点は，計算の結果が，計算を開始する格子のサイズに部分的に依存してしまうことです。仮により細かい格子を使用してもこの傾向が続く場合は，計算のショートカットが不可能であることを示していて，完全な計算のみが一意の答えを与えることになります。

バリオン（陽子，中性子及びその他の強い相互作用をする粒子）の質量計算は，QCDのみを使用して計算した質量が，実際の質量の数パーセント

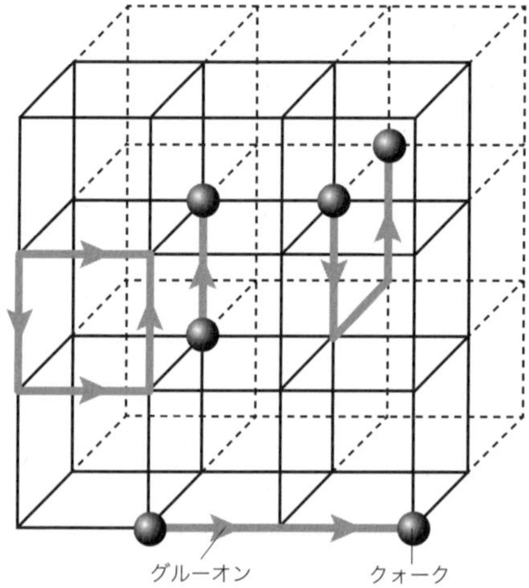

QCD理論においてバリオンとメソンの質量を計算するクォーク−グルーオン格子の例。

以内になるまで進んでいます。結果は，バリオンの質量のごく一部，約1％が，クォーク自体の質量に由来することを証しています。クォーク自体がもつ以外の質量は，バリオン内のクォークがグルーオンによって互いに結合されているエネルギー，または閉じ込めに有するエネルギーからもたらされます。核子（陽子または中性子）の質量の計算値は936 MeV（不確定性22 MeV），陽子と中性子の既知の質量はそれぞれ938と940 MeVです。

弱い相互作用

強い力は，重力のように物体を結びつける力と考えることができるため，直感的に理解しやすいですが，弱い力は，押す力も引く力もまったく生成しない奇妙な力に思えます。弱い力の効果は，1896年にアンリ・ベクレル（1852～1908）が最初に発見しました。実際にそれが力として同定されるのは，1933年以降，エンリコ・フェルミ（1901～1954）が，ディラックが場の量子論を定式化するために開発した手法を核崩壊に適用してからでした。

弱い力は，中性子やパイ中間子などの一部の粒子を，ほかのより軽くより安定した粒子へと崩壊させ，さらに，ニュートリノと呼ばれるつかみどころのない新たな粒子を放出します。フェルミは，弱い力は中間ボソンと

エンリコ・フェルミは，弱い力は，電磁力のように自然界の本質的な力であると提唱した。

いう粒子によって媒介されると提唱しました。中間ボソンは，ウクシル，スチゾンまたはW，X，Z粒子とも呼ばれていました。湯川の方法で質量を予測すると，中間ボソンは陽子のほぼ100倍の重さをもち，また，ジュリアン・シュウィンガーの予測では，2種類存在するとされました。1960年に，シェルドン・グラショーによって3番目の中性粒子の存在が提唱されたことで，現在，中間ボソンとして，それぞれ光子と同じ量子スピンをもつ非常に重いW^{+}，W^{-}及びZ^{0}粒子が存在すると考えられています。

自発的対称性の破れ

1960年からは，電磁気力と弱い力を一つの理論に統合しようとする研究が続き，多くの理論学者が時間を割いて次々と簡易モデルを作成しました。そして，1967年，スティーブン・ワインバーグ（1933～2021），シェルドン・グラショー（1932～）及びアブドゥ・サラーム（1926～1996）が輝かしい，論理整合性のとれた「電弱」理論を発表したのです。彼らは，ヤン–ミルズ理論と，1964年にピーター・ヒッグス（1929～）が導入した自発的対称性の破れという特別な方法を用いてQEDと弱い力を組み合わせ，単一の数学的枠組みである電弱理論を完成させました。力を媒介する三つの粒子（W^{+}，W^{-}，Z^{0}）が存在し，100－300 GeVを超えるエネルギーでは，電磁力と弱い力が混ざり合い，事実上区別できなくなると予測しました。

当初の物理学者からの反応は，耳が痛いほど静かでした。

この論文が引用されたのは，1970年までにわずか1件でした。1972年までには，64件の論文で引用され，そして1973年には163件の論文が引用するまでに増えました。なお，引用のいくつかは，1971年に自身の理論を「反発的」と表現したワインバーグ自身によるものでした。1972年に同理論に火をつけたのは，ユトレヒト大学のヘーラルト・トホーフトがワインバーグらの理論に関連する重要な数学的定理を証明したことがきっかけでした。ワインバーグ理論の中心に据えられていた特異な対称性の破れのメカニズムは，同理論が有限の答えを出すことを妨げないことが実証されたのです。25年前にQEDで苦しんだ無限大問題に悩まされる心配なく，理論学者は，自発的対称性の破れの理論を自由に使用することができました。ワインバーグ，サラーム及びグラショーがノーベル賞を受賞してから約5年後の1984年，カルロ・ルビア（1934～）とシモン・ファンデルメール（1925～2011）は，CERN（欧州原子核研究機構）でのWボソンとZボソン発見により，ノーベル賞を受賞しました。

ヒッグス粒子

電弱統一を実現するための鍵となる要素は，W粒子とZ粒子の存在だけでなく，ヒッグス粒子というまったく新しいタイプの粒子の存在でした。ヒッグス粒子は，電磁力と弱い力の間の完全な対称性を破る原因となる存在です。ヒッグス粒子は，クォーク，レプトン及び弱い力を伝える粒子に質量を与えることによって対称性を破るのです。ヒッグス粒子と自発的対称性の破れを，欠点がなくまとまっている数学理論に導入することは，多くの理論学者からは，非常に場当たり的な方法であるように思われました。

著書『神がつくった究極の素粒子』（1993年，邦訳：1997年，草思社）の中でレオン・レダーマン（1922～2018）は，今日の物理学のスキームにおいてヒッグス粒子の果たす役割の重要性を説明しています。ヒッグス粒子は，「宇宙全体に宿る精霊のような存在で，我々が物質の本質を理解することを妨げている……真理を知ることを妨げている目に見えない障壁は，ヒッグス場と呼ばれる。その氷の触手は宇宙の隅々まで届き，その科学的及び哲学的な暗示は，物理学者の恐怖をかき立てる……私は［ヒッグス粒子］を神の粒子と名づけた……なぜなら，呪いの粒子と呼ぶことを出版社が許可しなかったからだ」。レダーマンが指摘しているように，この神の粒子の場を数学的に構築するために多大な貢献をした理論学者，ピーター・ヒギンズ，マルティヌス・フェルトマン（1931 ～）及びシェルドン・グラショーでさえ，すぐにその概念と距離を置くことになります。フェルトマンはそれを「無知を一掃する敷物」と呼んでいます。グラショーはそれを「現在の理論の矛盾を洗い流すトイレ」と呼んでおり，ピーター・ヒッグスは粒子に自分の名を冠することには不本意でした。グラショーは，「ヒッ

スイスのジュネーブで稼働している大型ハドロン衝突型加速器LHCは，今日最強の「原子粉砕器」である。

グス機構が自然界の選択であるとは，まったく確信がもてない。私には，エレガントな理論に重ね合わされた，醜く不自然な構造のように思える。その長所は単にうまく機能することだけであり，これまでのところ，もっともらしい代替案を思いついた人は誰もいない」と認めています。長い間探索されたヒッグス粒子は，最終的に，2012年に大型ハドロン衝突型加速器LHCで質量125 GeVをもつ粒子として発見されました。そのため，正当性についての反駁《はんばく》はほとんど聞かれなくなりました。現在，電弱力とQCDの理論は，標準模型と呼ばれる理論の強固な二大支柱です。

標準模型

標準模型は，基本的なフェルミオンである，スピン½の6種類のレプトンとスピン½の6種類のクォーク，及びそれらの反粒子12種で構成されています。また，スピン1の，力を媒介する12種類のボソン（光子，8種類のグルーオン及び3種類の中間ベクトルボソン）が存在します。最後に，スピン0のヒッグス粒子が存在しています。これらの粒子はすべて，ヒッグス粒子との相互作用を通して質量を獲得し，その質量の大きさは，ヒッグス粒子との相互作用の強さに依存します。これは，フェルミオンとボソンにはそれぞれ12の可変な定数があることを意味しています。力を媒介する12種類のボソンと各フェルミオンとの相互作用の強さに合わせて調整すべき，24のパラメーターが必要です。この理論には，実験で決定しなければならない多数のパラメーターがあるのです。これらのパラメーターに加えて，現時点で，標準模型で簡単に説明できないほかの厄介な問題が多く残っています。

たとえば，標準模型では，クォークやレプトンのような基本粒子は完全に点状でなければなりません。また，何の理由もなしに，3世代のレプトンとクォークの存在を要求しています。そして，私たちが観ている世界は，電弱理論のさまざまな対称性が低エネルギーで破られ，電磁気力が弱い力とは明らかに異なり，ある種の粒子がゼロでない静止質量をもっています。このような私たちの世界があるためには，すべての場に広がっているヒッグス場が存在する必要があります。最後に，標準模型は，強い力と電弱力が大まかに一緒くたにされており，それぞれが独自の場の量子論と計算手法を伴うため，真の統一理論とはみなされていません。

QEDは，電子を点のような物体として記述します。それが特殊相対性理論と量子力学の両方の原理と一致する構造として唯一記述できるからで

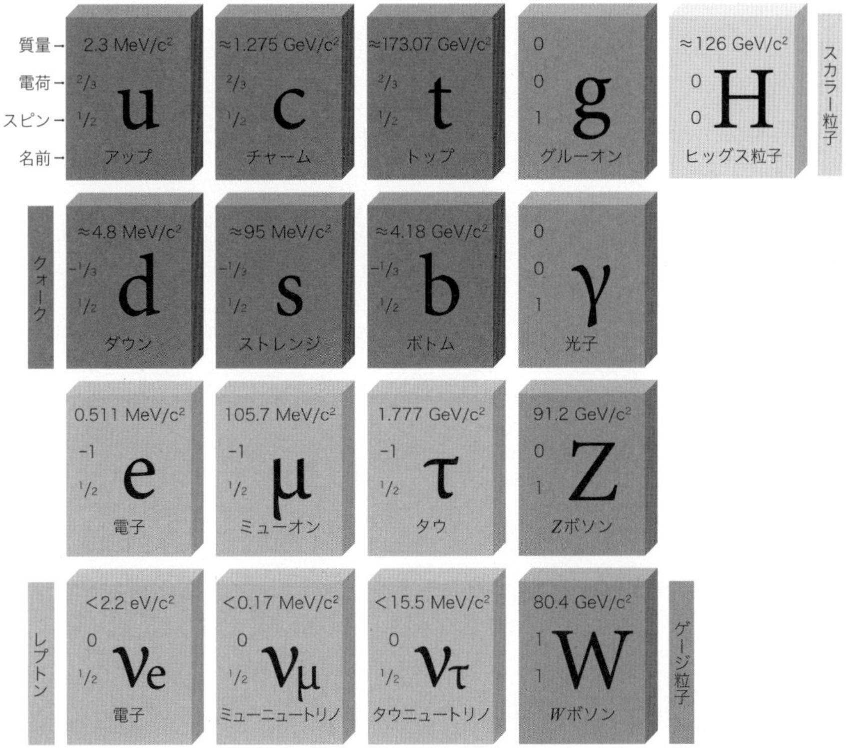

標準模型の素粒子。

す。電子を大きさのある物体として記述すると，精緻な調整の下で大成功を収めた理論に大混乱をきたし，予測と実験結果の間に明白な矛盾をもたらします。しかし，理論家の中止勧告で実験者が止まることはありません。自然界で最も小さいものは何でしょう。明らかに，電子が一番に名乗りを上げるでしょう。

電子の大きさの最新の推定値は，ワシントン大学のノーベル賞受賞者ハンス・デーメルト（1922～2017）が，電子磁気回転比の量を実験的に測定し，それを最新のQED計算と比較することで求めました。この物理量は，電子がスピンをもち，電荷を帯びているために発生します。電荷の動きが磁場を発生させるので，電子は北端と南端をもつ小さな磁石と考えることができます。磁気回転比は，1/2単位の量子スピンをもっている場合に磁場がどれだけ強いかを測定するだけです。測定値は1.001159652188で，誤差は1兆分の4でした。電子を点状の形状と仮定して数学的に予測した値は1.001159652133であり，誤差は1兆分の29でした。両者の値の不一致は有意そうであり，10^{-20} cmのスケールで，QEDのモデルが実験と合わなくなっていると考えることができます。デーメルトは，これは電子がこの半径の空間で広がっていることを表していると主張しました。また，保守的に解釈すれば，この微細なスケールまでは，電子は空間に有意な広がりをまだもっていないともいえます。

いずれにせよ，結論としては，実験と理論的予測を10^{-20} cmより大きい領域に限定する限りは，電子はいつものように数学的に空間上の点として見えるということです。この長さのスケールを考えると，1000万GeV未満のエネルギーでの衝突またはほかの反応でも，電子はまだ点状であり，QEDを使ってその相互作用を正確に説明できるのです。CERNの大型ハドロン衝突型加速器のような現代の「原子粉砕器」は，最大で13,000 GeVのエネルギーまでしか到達しないので，電子は，未だしばらくの間は点状に見えるままでしょう。

電子は私たちが物質として特定する最も質量の軽い粒子ですが，完全に質量のない粒子とはどのようなものでしょうか。光子は，おそらくこの理想的な状態に最も近い性質です。ニュートリノでさえ，明白に質量のない状態とみなすことはできません。光子のエネルギーとアインシュタインの関係式$E = mc^2$の結果として生じる有効質量は別として，量子電磁力学では光子には質量がまったくないという前提が必須です。1971年にアルフレッド・ゴールドハーバーとミハエル・ニエト（1940～2013）は，光子の質量の初期の測定を行いました。さまざまな電気力学現象を用いて，既知の実験結果に反することなく質量をもつ光子が存在し得る要件に厳しい制約を課しました。仮に光子が2×10^{-47} g（10^{-14} eV）の質量をもつとすると，注意深い学部生なら大学の実験室の条件下で，静電気力に関するクーロンの逆2乗の法則（静電気力は距離の逆2乗に比例する）からのずれを検出することができます。さらに，光子の質量が10^{-48} gであった場合，地球の磁場の形状が測定可能なほど変わってしまいます。

大統一理論

理論学者はとてもせっかちです。電弱統一の興奮に酔いしれたまま，QCDと電弱理論を組み合わせた，さらなる統一理論の探求が本格的に始まったのです。統一理論の発展を記そうとすると，難解な専門用語の容赦ない羅列によってすぐに行き詰まってしまいます。これまでの量子論の説明は，クォーク，場，対称性などの実験研究から生まれた，いくつかの使い古された用語の導入から恩恵を受けてきました。しかし今，焦点は実験的な研究から離れて，純粋に数学的な検証として大統一理論（Grand Unification Theory：GUT）の無限の可能性を探求します。事実上，議論全体は，その数学上の命名法で決まる対称性の分析にかかっています。

標準模型は，SU（3），SU（2）及びU（1）で表される個々の対称群を使用して，強い力，弱い力及び電磁力を記述しました。これらの三つの力の統合体として，さらに大きな数学群が探求されたのです。問題は，どれを使用するかということでした。数学者のエリ・カータン（1869～1951）は，かつて，考えられるすべての「単純な」対称群を，SU（N），SO（N），Sp（N），G2，F4，E6，E7及びE8の八つの可能なカテゴリに体系的に分類していました。標準模型の既知の場と粒子を含み，低エネルギーでの電弱対称性の破れを再現し，そして，単一の相互作用の強さを生み出すことができ，同時に素粒子の世代を説明できる，十分な大きさの対称群を見つけることは煩労な作業です。基準にかなう属性を有しているように見える対称群は，SU（5），SO（10）及びE6だけです。SU（5）は，ハワード・ジョージとシェルドン・グラショーが最初に検証し，E6はY.アチマンとB.ステックが，SO（10）はハワード・ジョージとディミトリ・ナノポウロスが検証しました。SU（3）×SU（3）などのほかの可能性も検討されていますが，特にそれを機能させるために多数の新しい粒子が必要だという点で，問題は山積みです。カリフォルニア大学サンタバーバラ校のマーク・スレドニキ（1955～）はかつて，「このがらくたの山から標準模型のようなも

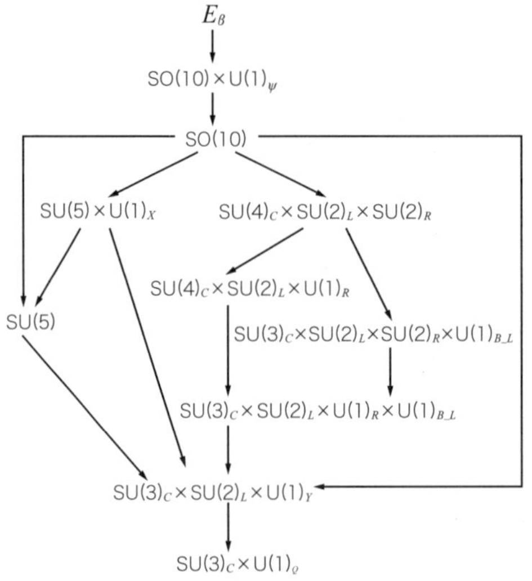

E（6）対称性がSO（10），SU（5），及び標準模型の群（SU（3），SU（2），U（1））を含む小さな対称性群に分割される複雑な経路。

のを見つけ出すことは不可能だ」とコメントしています。

ジョージのSU(5)モデルの誕生は当初，熱狂を伴って歓迎されましたが，発表されてから20年経過する中で，古びたものとなり始めました。1984年には，GUTを発見することは心躍る壮大な研究だと皆が信じていました。しかし，決定的な不完全さがあると考えられたのです。同理論の欠点として，明らかに場当たり的なヒッグス場の多重性と陽子崩壊の予言がありました。SU(5)は今日でも，陽子崩壊とニュートリノ質量を探る実験において検証されていますが，この分野への理論的関心は，行き詰まりの様相を呈しています。今では最小でも25のヒッグス場を伴うSU(5)は，正しいGUTとしてはあまりにも多くの技術的問題を抱えていることが広く認識されています。

未だ，普遍的に受容されている唯一のGUTは見つかっていませんが，その候補理論から，物理的世界に関する共通かつ重要な予言が出されています。二つの主要な対称性が破れる相の境界を示す，二つの臨界温度が存在するのです。氷が0℃で水に変わり，次に100℃で蒸気になるのと同じように，物質とその相互作用を支配する法則は，電弱の統一とGUTの統一を特徴づける温度で，急激に変化します。水蒸気が冷えて液体になり，そして氷に結晶化するのと同じように，区別できる力の性質と数は，現在の3(強い，弱い，電磁の力)から，電弱温度で2(強い，電弱の力)へ，次にGUT温度で1へ変化します。このような結晶化が起こる温度は真に奇跡的といえるでしょう。電弱相転移は200 GeV付近で発生すると予言されていますが，GUTの相転移は1000兆GeVで発生すると予言されています。

これらの理論は統一を予言すると同時に，粒子の新しいファミリーの存在を要求します。まだ発見されていない短寿命な粒子の存在なくしては，私たちの世界の質量をもつ物質は存在せず，宇宙に存在するすべての粒子は光子のように質量ゼロとなります。GUTはまた，ヒッグス粒子の新しいファミリーの存在も予言していますが，はるかに重く数が多い上に，理論はその物理的性質と自己相互作用をほとんど決めることができません。ヒッグス粒子が何種類存在するのか，何がその数を決定するのか，あるいはそれらがフェルミオンはもちろん自身との間でもどのように相互作用するのかについては何もわからないのです。GUTにおけるヒッグス粒子の作用は，真空状態についての私たちの理解を変革し，壮大な物理的結論をもたらします。その中には，多くの宇宙論的現象の予言もあります。

Key Points

- 湯川理論は，ハイゼンベルクの不確実性原理を用いて，二つの粒子間で力を媒介する粒子の質量とその力の範囲を関係づけた。

- 強い相互作用はクォーク間のグルーオン交換によって生じる。そして，陽子，中性子及びその他のバリオン粒子が構成される。

- 弱い力は，重い質量の*W*ボソンと*Z*ボソンの交換を伴い，クォーク自体を変化させ，バリオンをより軽い粒子へ崩壊させる。

- 対称性の破れによって，ある力，たとえば弱い力が特定のエネルギーしきい値（温度）に達したとき，別の力，たとえば電磁力のように変わる。これは，氷点または沸点に達したときの水の相転移と似た現象である。

- ヒッグス粒子は，フェルミオン及びボソンと相互作用して，質量を変化させる。この結果，媒介粒子が関与するとき，ある力が別の力のように変わる。

- 標準模型は，強い力，弱い力及び電弱力を伝える12種類のボソンと，フェルミオンと呼ばれる12種類の物質粒子，ヒッグス粒子，及びそれらの反粒子を数学的に記述する理論である。

- 大統一理論は，標準模型の多様な粒子と場を，QED，QCD及び電弱理論のもととなる単一の自然に統一された記述へ統合するための模型である。

第 11 章

超対称性

電弱理論は，電磁気力と弱い力が同じ強さをもち，すべてのクォークとレプトンが質量をもたない，完全に統一された世界を示しています。これは，私たちの住む世界とは異なるものです。そこで，理論学者は，電弱理論の完璧な数学世界を破る必要性に迫られ, ヒッグス粒子を導入しました。ヒッグス粒子が対称条件を壊し，電磁気力と弱い力がまったく異なる振る舞いをする私たちが経験している不完全な現実となります。対称性と対称性の破れは，よく見れば，私たちの周りのあらゆる場所にあふれています。本章では，現代の場の量子論において非常に重要な役割を果たす対称性について，さらに詳しく説明していきます。

時間の対称性は, 常識で考えると成り立っていません。私たちは生まれ, 年をとり，最後は死に至ります。私たちは，時間が一方向にのみ流れることを体感しており，将来起こる出来事を覚えているなどということはあり得ないと感じるでしょう。しかし，素粒子の世界を記述する方程式は，時間が順行のみならず逆行する場合にも同じように機能するのです。自然は, 対称性をもってじゃれ合うのを楽しんでいますが，形式と関数に関する幾何学上のあらゆる規則に言われるがままに従うわけではありません。ヒッグス場がその魔法を作用させる仕組みの原型として歴史的に役立ってきた二つの現象に，磁性と超伝導があります。

一般的な棒磁石は高温に加熱すると, 元の形状は保っていますが, 元々あったN極やS極は失われます。棒内部の原子の各磁区は，原子がねじれて動き回るにつれて無秩序な向きになります。ここで, あなたがこの鉄の棒に住む，熱に耐えられるバクテリアサイズの物

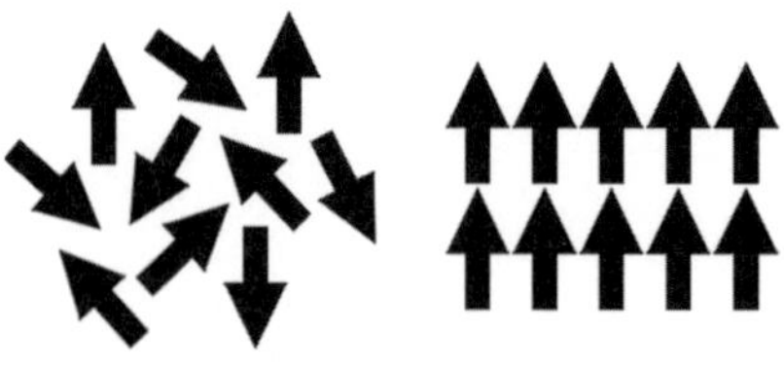

印加磁場がないとき　　印加磁場があるとき

キュリー温度以上では，磁区は磁場の中で無秩序なままだが（左），キュリー温度以下では，永続的に整列する（右）。

理学者であれば，どこに移動しても，物事はほとんど同じように見えるでしょう。あなたの世界には，変位対称性と呼ばれるある種の対称性が存在しており，2個の原子を移動させたとすると，原子は元いた場所と同じように新しい位置に溶け込むので，もはやどこにあったものかわからなくなるでしょう。棒の温度がキュリー温度と呼ばれる770℃を下回ると，原子の可動性が低下し始め，原子の集合エネルギーは常に可能な限り低くなります。ある原子のN極が，隣り合う多数の原子のN極に囲まれた状態にあるとき，その原子は，自身にかかる磁気圧力を最小限に抑えようと反転します。二つの磁石のN極同士を触れさせてみると，実際に磁気圧力を感じとることができるでしょう。このような再調整は，棒が触ると冷たくなるまで続きますが，冷却の結果として，鉄の棒の大きなスケールの特性に根本的な変化が生じます。特定の端がN極またはS極のいずれかである場合に，最小エネルギーとなります。この時点で，あなたが鉄の棒の中を動き回ると，どこでも同じように見えていた対称状態はもはや正しくないことがわかります。あなたがいるある領域では，北向きの力が現れていますが，離れた領域では，同じ力があなたのいる領域に満ちながらも南向きを示しています。その世界の原子を一方の端から反対の端に移動させた場合，当

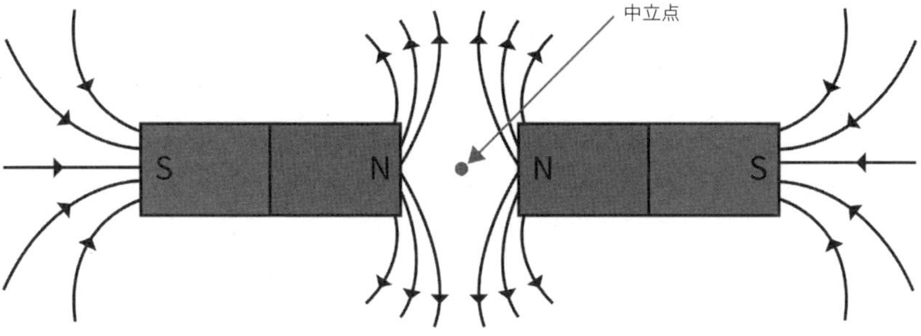

棒磁石の磁場は，対称性が破れた事象が，自然界のほかの場の存在を示唆していることのたとえである。

該原子は風景に溶け込まずに，極が間違った方向を向いているので目立つことでしょう。どういうわけか，鉄の棒を冷却するという単純な行為によって，局所的な空間変位の対称性が破れたと結論づけることができるのです。

磁化されていない鉄の棒を表す方程式のセットがあると想像してください。磁化された棒の特性を記述するには，まったく異なる方程式のセットが必要になります。方程式の中身は気にせず，密度，温度，磁場の強さ及び方位などの観測可能な量が鉄の棒の中でどう分布しているかを予測する，ひとまとまりの表と考えてください。あなたは，二つの記述をどうやって統合しようとするでしょうか。結局のところ，ただ一つの物理系について考えていることに気づき，それを説明するためのただ一つの矛盾のない数学理論が存在すべきだと思うでしょう。かかる理論の手がかりを見つけるには，異なる温度で何が起こるかを追跡することです。

鉄の棒は個々の原子で構成されているので，大きなスケールの場の出現と同時に起こる変位対称性の破れは，多数の原子の特定方向への整列と関係しているはずです。したがって，棒の温度が変化するにつれて，これがどう作用するかを表す数理モデルを作成すればよいのです。そのモデルは非常にうまく機能するように思えますが，実はあなたが住む空間についてとても奇妙なことを明らかにしているのです。磁場の出現は，あなたが単なる空の空間であると思っていたものに大量のエネルギーを追加します。棒が冷たいときは，全実験でこの新しい「真空エネルギー」を考慮しなければなりません。さらに，これに加えて，もっと奇妙な特性が存在します。最低エネルギーの真空状態は，実際にはN型またはS型という二つの状態なのです。何もないはずの空の空間がエネルギーをもち，しかも二つのフレーバー（N型またはS型）になり得るということはなかなか腑に落ちないかもしれません。

これまで，磁性と，一部の系が臨界温度を下回るまで冷却されたときに相転移が発生する過程を説明してきました。これらは，素粒子と質量の性質と何か関係があるのでしょうか。

答えは，「大いに関係がある」です。

1911年には，水銀などの特定の材料は，約4Kの液体ヘリウム温度にさらされると，内部抵抗を失い，超伝導体になることが知られていました。その後50年にわたり超伝導に関する量子力学による説明が改良され，低温で超伝導効果を生成するよう振る舞う電子対である，クーパー対の概念が発見されました。

南部陽一郎は，新しい粒子が出現するときに対称性が破られるという考えを発展させた。

クーパー対は結合した電子対のように振る舞うため，ある意味，金属の伝導エネルギーを低下させて超伝導体となるように相互作用する粒子のような働きをします。1961年，南部陽一郎（1921～2015）は，超伝導性の一般的な理論におけるクーパー対という「準粒子」の出現は，素粒子物理学全体に満ちている，さまざまな場による対称性の破れの仕組みを説明するために彼が探していたアナロジーであると提唱しました。さらに，1960～1961年にかけて，アブドゥ・サラーム（1926～1996）とジョン・ワード（1924～2000）は，準粒子は単に普通の粒子の対だけでなく，実在する物理的な粒子であることを主張しました。超伝導では，クーパー対は金属内の既存の電子集団から自発的に発生します。それでは，場の量子論で一体何が準粒子を突然出現させ，系の対称性を崩すのでしょうか。1962年，物理学者ジェフリー・ゴールドストーン（1933～）は，真空状態そのものが準粒子の最終的な発生源であると推測しました。真空状態には，素粒子と相互作用して対称性を破るゴー

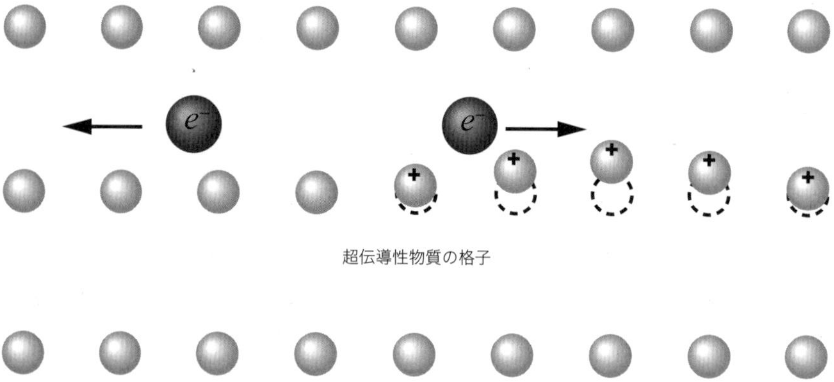

超伝導体の中でクーパー対が形成する例。

ルドストーン粒子と呼ばれる量子を伴う，新しい場が含まれていたのです。

ピーター・ヒッグス

1929年にイギリスで生まれたピーター・ヒッグスは，1954年，キングスカレッジで分子物理学の問題で物理学の博士号を取得しました。1960年代初頭にエジンバラ大学に在籍していた際，粒子が質量を得る過程に興味を抱きました。彼は，南部陽一郎とジェフリー・ゴールドストーンの研究を踏まえて，対称性の破れの場をヒッグス粒子と呼ばれる量子を伴う現実の物理場と結びつけました。現在ヒッグス機構と呼ばれる理論において，質量のない粒子が

ピーター・ヒッグス

ヒッグス粒子を「食べ」，質量を獲得することを解明したのです。ピーター・ヒッグスとフランソワ・バロン・アングレール（1932～）は，この業績によって2013年のノーベル物理学賞を共同受賞しました。ヒッグス粒子は，2012年にジュネーブの大型ハドロン衝突型加速器（CERN）で発見されています。

1966年，ピーター・ヒッグスは自発的対称性の破れの新しいモデルを研究し，ヒッグス粒子と呼ばれる新しい重いゴールドストーン粒子が，もともとは質量がないスピン1の粒子に吸収されると考えました。そして，質量をもったスピン1の場によって表される力は，もともとは質量のない光子のような場によって生成された力とは，異なる振る舞いをします。結果として生じる力は，重力や電磁気力のような広範囲に及ぶ力ではなく，湯川が以前計算したとおり，原子または原子核の大きさの範囲にしか及びません。ここで，スティーブン・ワインバーグ，アブドゥ・サラーム及びシェルドン・グラショーの電弱理論の出番です。電弱理論では，電磁気力と弱い力の厳密かつ精緻な量子論の開発にヒッグス機構を採用しました。相互作用のエネルギーがある臨界値を下回ったときに，異なる種類の粒子と場を導き得る理論は，たった一つだけでした。

200 GeVを超える非常に高いエネルギーでは，光子とW粒子は完全に質量のない粒子として誕生します。この状態では，これらの場（光子，W粒子）と電子及びニュートリノ間の相互作用は，力の間に厳密な対称性があるかのように働きます。群論の言葉では，対称性はSU（2）に従い，対称性を維持するために$N^2-1=3$個の新しい粒子（W^+，W^-及びZ^0ボソン）を必要とします。単一のヒッグススカラー場も含まれていますが，このような完全な対称状態では質量をもたないため，W粒子とZ粒子による放出と吸収が行われても，それらに質量を与えることはありません。

約200 GeV以下のエネルギーでは，驚くべきことが起こります。ヒッグス粒子が重くなり，WボソンとZボソンに吸収されたとき，ここでは，WボソンとZボソンにも質量の魔の手が訪れるのです。ただし，光子は質量を得ることはありません。ヒッグス粒子は光子と相互作用しないため，魔の手から免れることができるのです。重いヒッグス粒子は，質量のないスピン1のW，Zボソンに吸収されるのと同じように，電子，ニュートリノ及びクォークなどのほかのフェルミオンと相互作用して，いくつかに固有の質量を与えることもできます。ヒッグス場によって媒介される災難のような過程を不気味に感じる人は多いでしょう。ヒッグス粒子自身はどこでどのように質量を獲得するのでしょうか。鶏が先か卵が先かというパラドックスのごとき循環論法に陥りそうです。

もともと，ヒッグス粒子は，あるエネルギー以上で真空のエネルギーの極小値が一つしかないときは，質量をもっていませんでした（下の図左を参照）。この条件下では，ヒッグス粒子の質量はゼロです。冷却されると，真空状態は二つの異なる極小エネルギー状態へと変化し，各状態において，ヒッグス粒子は質量を獲得します（下の図右を参照）。真空状態がエネルギーを有する理由は，ヒッグス粒子同士が相互作用することができるから

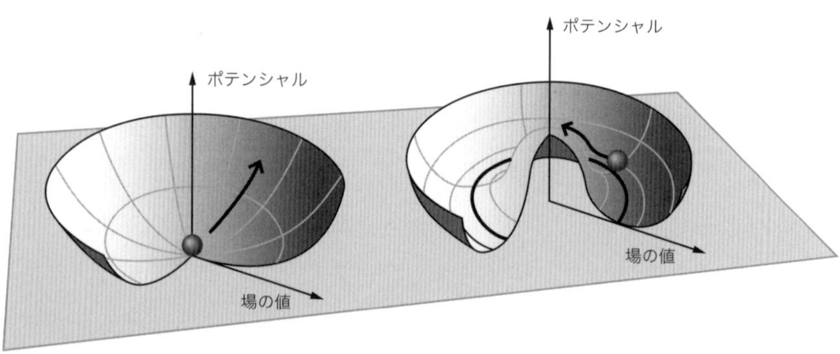

高温のヒッグスポテンシャル（左）と低温のヒッグスポテンシャル（右）。

です。そして，温度低下に伴うヒッグス粒子の自己相互作用の振る舞いが，真空のエネルギー曲線の形状を決定します。

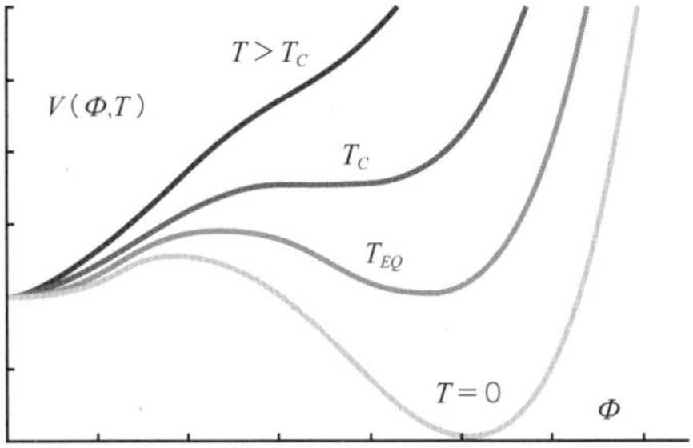

ヒッグスの相互作用ポテンシャルエネルギーの温度依存性。

私たちが質量と認識しているものは，粒子がヒッグス場にどれほど強く結びついているか，そしてそのヒッグス場の状態を表す単なる別名なのです。過激な方法でダイエットをしようとする際は，あなたの体重を決定する質量は，骨の原子に加えて，私たちではどうしようもない宇宙のヒッグス場との結合によって記述されることを思い出すとよいでしょう。

2012年，CERNの大型ハドロン衝突型加速器でヒッグス粒子が発見されたことによって，ヒッグス機構は実証され，物理学者の真空状態に対する理解を根本的に変えました。仮想光子（QED），仮想W，Z粒子（電弱理論），または仮想グルーオン（QCD）が生息する一つの真空状態を考えるだけでなく，光子，グルーオン及びW，Z粒子のスピン1の場とはまったく異なる，自然界のさらに別の場の特性によって真空状態を指標化する必要があります。スピン0のヒッグス場によって決定されるこの新しい真空状態の指標化においては，複数の極小エネルギーの真空状態が存在することが可能です。私たちは，別々でありながら同一のQED及びQCD物理を伴う，同一でありながらも別々の二つのヒッグス真空が重なり合った，二つの別々の宇宙が存在していると考えることができるのです。

棒磁石をキュリー温度以下に冷却すると，無秩序化された個々の磁場領域のN極とS極が揃い始め，棒磁石の一方の端に北または南型のいずれかの極性を与えます。これは，棒の一端ないし他端の特定の幾何学的な点に

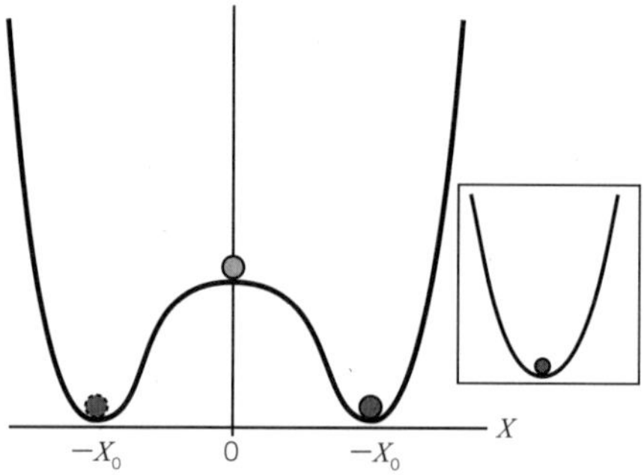

ヒッグス真空は，低温では二つのエネルギー極小値を，高温では対称な一つの極小値をもつ。

対して，二つの可能な極小エネルギー解があるためです。同様に，低温のヒッグス場の場合，宇宙全体の粒子は，極小値（$-X_0$）またはほかの極小値（$+X_0$）のいずれかにあるのです。いずれの宇宙でも，観測者が観測するヒッグス粒子の質量は，単にX_0です。

場の量子論の新たな概念として登場した対称性の破れですが，自発的に破れた場の理論が繰り込み可能であるのかは課題でした。そうでなければ，この驚くべき新発想は，繰り込みの導入で有限値を得るまでQEDが苦しんだ計算の無限大発散の二の舞になってしまいます。1971 年，ユトレヒト大学のヘーラルト・トホーフトが繰り込み可能を証明したので，ヒッグス機構を用いて対称性を破ることを恐れる必要はなくなりました。このことで，強い力と電弱力の間の対称性を同じ方法で破り，強い力，弱い力，及び電磁気力を，さらに大きな理論に統一しようとする機運が劇的に高まりました。

超対称性理論

前章のGUTの議論で見たように，1970 年代は理論的な研究が盛んな時期で，三つの力を統一するための単純化された多数のモデルが，数学的に徹底して研究されました。その中でも最も刺激的で広範囲にわたる研究の一つが，1974 年にカールスルーエ大学のユリウス・ヴェス（1934 ～ 2007）とCERNのブルーノ・ズミノ（1923 ～ 2014）によって行われました。彼らはスーパーゲージ変換について記述した２本の論文で，過去数年間注力してきた複雑な数学的研究を紹介しました。この変換は，超場と呼ばれる場の集合に作用し，整数スピンの粒子と半整数スピンの粒子のスピンの割り当てを変える理論です。言い換えれば，彼らは「犬」を「猫」に変換できる数学理論を発見したのです。

それまで，理論学者が取り扱ってきた変換は，操作する場のスピン特性を保持していました。たとえば，SU（2）とSU（3）の対称性操作ではフェルミオンは常にフェルミオンのままで，ボソンは常にボソンのままでした。しかし，新しい種類の場を整数スピン成分と半整数スピン成分の混合として定義した場合，場は変化しませんが，その副成分は，のちに超対称性と呼ばれるヴェス–ズミノ・スーパーゲージ変換の下で役割を変化させるのです。一体どういうことでしょうか。超対称性と小銭でいっぱいのポケットとのちょっとしたアナロジーを考えてみましょう。

ちょうど何カ国もの海外旅行から帰ったばかりで，ドイツ，スウェーデン，イギリス及びアメリカのさまざまな硬貨でポケットが重い場合を想像してみてください。すべての通貨の合計値は決まっていて，固定量の金を表します。超対称性理論では，これは超場の大きさに相当します。超対称性変換の下では，超場はその大きさが同じままになるように回転させることができ，その際，場のさまざまな成分は，明確に定義された方法に基づいて変更される必要があります。硬貨のたとえでいえば，銀行に行って，金の価値で計ったお金の合計価値を変更することなく，各硬貨について通貨の両替を実行して，まとめて一つのほかの通貨に変換することができます。超場の成分であるフェルミオン（電子，クォーク，ニュートリノ）とボソン（光子，グルーオン，W，Z）は自然界の硬貨ですから，超対称性変換を経て一方を他方に変換することができるのです。

ヴェス–ズミノの超対称性理論の帰結は革命的でした。フェルミオンとボソンは互いに厳密に関連する質量をもたなければならず，さらに驚くべきことに，これらの各成分の場の理論を悩ませていた無限大問題のいくつかが，超対称性理論に基づく新たな制約のために払拭されたのです。超場の数学的構造は，［スピン1，スピン$\frac{1}{2}$］と［スピン2，スピン$\frac{3}{2}$］のスピンのみがペアになるように固定されています。これは，スピン$\frac{1}{2}$のすべてのレプトンとクォークごとに，対となるスピン1の超対称性パートナー場があること，また，スピン2のすべての重力子（グラビトン）ごとに，スピン$\frac{3}{2}$の「グラビティーノ」場があることを意味しています。これらの新しいパートナー場を粒子の運動学の計算に加えると，通常の物質（を構成する粒子）とは反対の効果をもたらし，奇跡的に無限大を解消します。

硬貨のたとえに戻って，あなたがアメリカに戻って夕食を買いたいと思ったと想像してください。ポケットにある硬貨は，同等の金の通貨価値としては夕食を買うのに十分すぎるほどですが，四つの異なる通貨に分配されています。したがって，夕食を買うための計算を実行する前に，各硬貨をアメリカ通貨へ交替させる超対称性変換を行う必要があります。超対称性理論では，QEDとQCDのほかの場を［2，$\frac{3}{2}$］の重力のスーパーファミリーに変換し，そのスピン2，スピン$\frac{3}{2}$の場の成分について計算を実行します。これは有限の結果となるので，その結果をQEDとQCDの元の超場の成分に変換すると，考えていたプロセスの答えが得られます。

超対称性変換の興味深い特徴は，同じ粒子に対して2回実行した場合，前と後の場の関係は時空の変換の一つであるということです。つまり，粒子をある場所から別の場所に移動させるのです。重力と時空は非常に密接に関連していますから，超対称性の謎の中に埋もれているものが，重力を含む理論のヒントであることを示しています。1975年，ブルーノ・ズミノとセルジオ・フェラーラ（1945～）は，超対称性は，一対の超場が必ず存在することを示唆していると証明しました。そのうちの一つは，スピン2とスピン$\frac{3}{2}$の成分が1組の対になっており，のちに重力超多重項と名づけられました。この発見は超重力理論として知られています。

その後の数年間，超対称性モデルは熱心に探求されましたが，1977年にマレー・ゲルマンがワシントンD.C.でのアメリカ物理学会会議で厄介な報告を行いました。当時知られていた最大の超対称性理論であるSO（8）でさえ，自然界に存在する既知の場を含むのに十分な数学的枠をもたないことがわかったのです。SO（8）は，以下の場をもっていました。

1個の重力子場

8個のスピン$\frac{3}{2}$場

28個のスピン1場

56個のスピン$\frac{1}{2}$場

70個のスピン0場

当時，70種どころか，スピン0の場自体を誰も見たことがありませんでした。また，56種類のスピン$\frac{1}{2}$の場は，すでに知られていた六つのレプトンと六つのクォークまたはそれらの反粒子と整合しない性質を有していました。それでは，スピン0粒子であるヒッグス場は，SO（8）超重力に収まるのでしょうか。この希望に満ちた質問への答えも，「いいえ」です。未だ，70の超対称のスピン0場をはるかに上回る数の場を追加する必要があります。また，100 GeV以下のエネルギーでは，通常のクォーク，レプトン，ボソンの超対称性パートナー場が観測されていないため，私たちの宇宙では，超対称性は破れている必要があります。

空間の隠れた次元

1976年，超重力理論を分析するより簡単な方法として，次元拡張された超重力理論が登場しました。これは，超対称性粒子の不一致問題をすべ

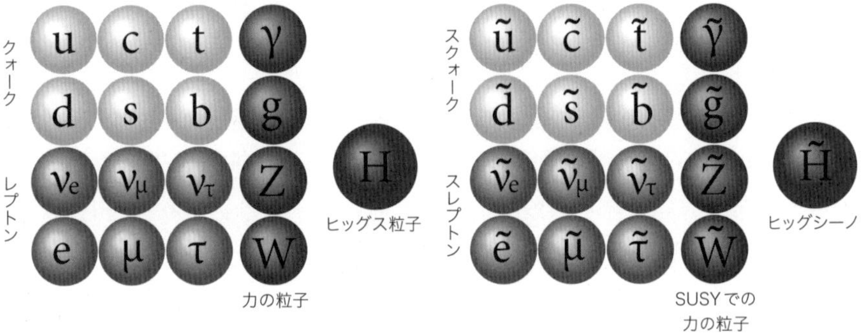

超対称性理論において，標準模型の通常の素粒子（左側）は，新しいより重い粒子（右側）と対となっている。

て解決するわけではありませんが，面倒なSO（8）理論の単純化が可能であることを示していました。1920年代に, カルツァ-クライン理論と呼ばれるアイデアは，時空は5次元であると提案していました。この5次元の概念を取り入れることで，アインシュタインの重力方程式に，電磁場に非常に似た新しい場を自然界に含めることができました。その後60年間の休眠を経て，同理論は1982年に蘇り，N＝8超重力理論と呼ばれる4次元のSO（8）は，11次元ながらもはるかに単純なSO（1）理論として書き替えられることを証しました。時空に通常の4次元以外の次元を加えて11次元とすることで，これらの理論を記述する数学と基本的な場の補完は，非常に単純になったのです。次元拡張された理論を4次元の理論に戻すと，複雑なSO（8）理論によって予測された場の補完が可能となりました。N＝8の超重力の素晴らしい点は，重力を含む特定の種類の計算で有限の結果が得られることでした。しかし, 次元削減の「トリック」を使用してもなお，無限大と粒子の不一致を完全には排除しきれなかったので，1984年頃までに，この理論でさえ放棄されてしまいました。

1970年代後半，論理的整合性があって無限大が発生しない，強い力，弱い力及び電磁気力を統一するGUTの探求に，一段と理論的な注目が集まるようになりました。この新しい大鉱脈が発掘されるにつれ，超重力理論と超対称GUT（SUSY GUT）は，まさに研究活動の摂食狂乱の対象となったのです。時空と真空の理論構造に影響を与えた途方もない数のアイデアが生まれました。100 − 10^{15} GeV間のエネルギーで新たな相転移が確認され，それは，時空を満たす真空状態の新たな性質を示唆していました。超対称性理論に次元拡張を適用した結果，4次元をはるかに超える，おそらく11次元の時空が必要になりました。これらの余剰次元は，4次元時空の各点に付属した小さな球のような部分空間に織り込まれていると考えられましたが，この部分空間については，ほかにもエキゾチックな幾何学形状

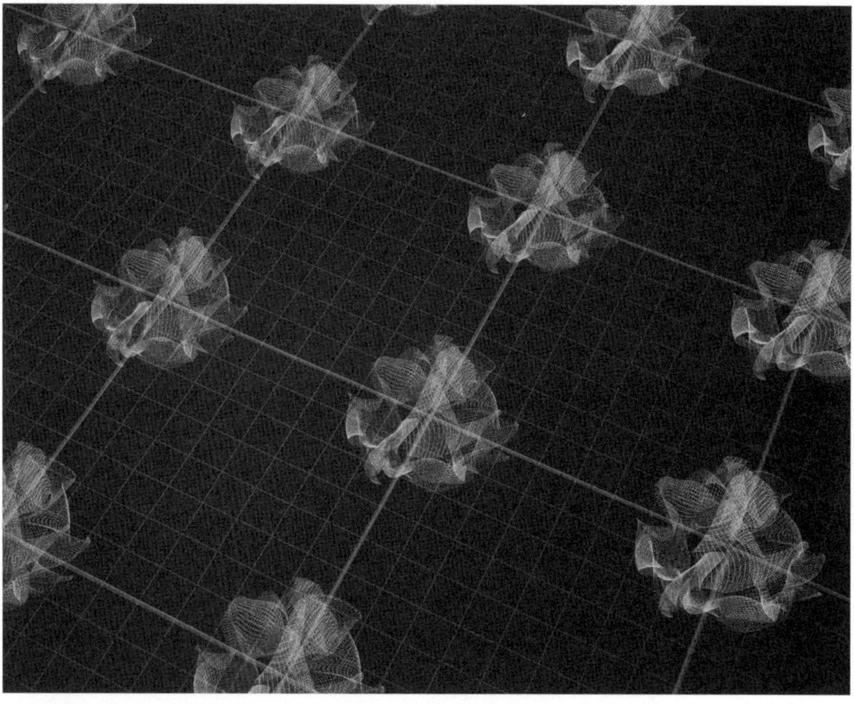

超対称性と超重力理論が予言する，通常の4次元空間に隠れた次元の例。

が発案されました。1970年代後半から1980年代初頭にかけて，物理学者たちがこれらの高次元の世界を大胆に分析したため，評判になる論文が爆発的に増加しました。ダニエル・フリードマン（1939～）とペーター・フォン・ニーウェンハウゼン（1938～）は，*Scientific American*の記事『The Hidden Dimensions of Spacetime（時空の隠れた次元）』（1985年）において，これらすべての意味を整理し直そうと試みましたが，11次元時空を直感的に解釈することは，熱心な科学の伝道師でさえも把握しきれないようでした。

超対称性と標準模型

40年近くの探索のあと，超対称性の存在に関する実験例は，期待されていた結果にはなりませんでした。これまで見てきたように，1930年代初頭から，物理学者は，重力，電磁気学，強い核力及び弱い核力という宇宙の四つの基本的な力の詳細な数理モデルを開発してきました。第9章で説明した場の量子論の原理は，重力を除く三つの基本的な「力の場」自体が，新しい粒子族と基本粒子である電子及びクォークとの交換によって構築されることを表しています。光子は電磁気力を伝達し，8種類のグルーオンが，陽子の内部でクォークをまとめる強い核力を伝達し，3種類の中間ベクトルボソンは，放射線崩壊を引き起こす弱い核力を伝達します。そして，一部の物理学者は，重力子が重力を伝達すると確信していますが，この粒子は未だ発見されていません。

標準模型では，物理学者はこれら種々の厳密な数学的理論を通じて，物質と力を群として記述しました。標準模型に超対称性を加えると，素粒子の数は倍になり，これを最小超対称標準模型（Minimal Supersymmetric Standard Model：MSSM）と呼びます。MSSMは，標準模型に関する多くの問題を修正するだけでなく，宇宙の重力質量の約24％を構成する謎の物質，暗黒物質（ダークマター）の候補粒子をも導入しています。標準模型はこの目に見えない質量について何らの説明も与えませんが，MSSMで最も質量の小さいニュートラリーノという粒子は，暗黒物質を正確に説明する適切な性質を有しています。

一部の物理学者は，MSSMは，大幅に仮定を追加せずとも標準模型の先へ進むことのできる最も発達した，そして最も簡単な方法だと注目しています。また，この理論は，世界最強の粒子加速器，大型ハドロン衝突型加速器（LHC）で試験可能な新しい予測も出しています。標準模型粒子の超対称性パートナーは，数テラ電子ボルト（TeV）の質量をもつはずで，エネルギー範囲0から13 TeVをもつLHCで簡単に到達できます。LHCは2008年に運用を開始し，2012年に質量125 GeVのヒッグス粒子を発見しました。ヒッグス粒子は，標準模型の電弱部分を実証するために50年以上にわたって探されてきた，極めて重要な粒子でした。2019年までに，標準模型のそのほかの多くの予測がLHCの助けを借りて試験され，実証されました。しかし，標準模型にとってのよいニュースは，必要とする新しい物理学の兆候を見つけられないという，超対称性とMSSMには非常に悪い知らせともいえました。B中間子と呼ばれるエキゾチック粒子の崩壊に関する研究は，これまで，超対称性の兆候を現していません。この粒子は，超対称性理論が予言する新たなタイプの重い粒子があることで，はるかに速く崩壊するはずでしたが，何兆個もの崩壊を分析しても，そのような効果の兆候を発見できていないのです。さらに驚くべきことに，7 TeV未満での超対称粒子自体の証拠がなく，これは最も単純な超対称性模型（特にMSSM）の大きな失敗と解釈されています。

以上からわかるように，リスクは非常に高いといえます。超対称性が見つかれば，MSSMを超える理論への素晴らしい発見の道が開かれるでしょう。引き続きLHCで超対称性の証拠が見つからない場合は，MSSMの最も単純なバージョンは失敗といわざるを得ず，自然界における優美な対称性の50年間の探求と，超対称性に基づいた多くの理論への信頼が行き詰まる可能性があります。これら過去半世紀に発案された万物の理論の中で最も刺激的なものは，次章で説明する超ひも理論です。

Key Points

- 対称性の破れは，磁石がキュリー温度以下に冷却されたときの磁性のたとえによって理解できる。
- ヒッグス場による空間のポテンシャルエネルギーは，空間がヒッグス粒子の質量に関連する臨界温度を上回っているか下回っているかに依拠して，二つの異なる形状をとる。
- 超対称性は，フェルミオンとボソンを結びつけて新しいファミリーとする自然界の新しい対称性であり，数学的に自然界の力と粒子を統一することが可能となる。
- 超対称性は，既知の各粒子の対となる新しい重たい粒子の存在を予言する。
- 現在，これらの新しい粒子の予測エネルギーにおいての集中的な探索にもかかわらず，予測されたエネルギーで超対称性の証拠はまだ見つかっていない。

第12章

ひも理論

1960年代初頭にクォークモデルが発展する中で，中間子の規則的な質量間隔を説明するために，中間子をクォークのペアとしてモデル化することで，クォークが原子核内でどのように結合されているかについて新たなアイデアが発展しました。未知の拘束力を表すひもを仮定し，ひもの両端にクォークがあると考えたのです。この理論的アプローチは，1974年にジョン・シュワルツ（1941 ～）とジョエル・シャーク（1946 ～ 1980）がボソンひも理論として発展させました。同理論によると，1次元ひもの各振動モードが，異なる粒子を表しています。しかし，ボソンひもが自己矛盾なく機能するのは，26次元の時空の枠内でのみであることがわかりました。さらに，超光速のタキオン状態を許容するうえ，クォークや電子のようなフェルミオンを含まないものでした。

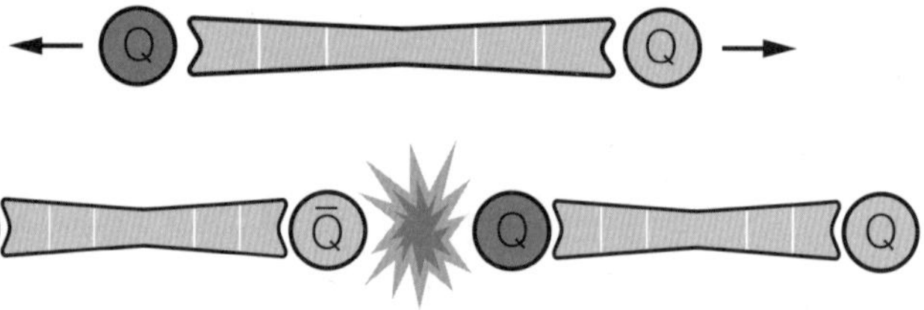

クォークひもは，二つのクォークを「ひも」の両端に包含する。強く引っ張ると，単独のクォークにはならず，新たなクォークひものペアが生まれる。

ジョン・シュワルツ

ジョン・シュワルツは1941年に生まれ，1966年にカリフォルニア大学バークレー校で物理学の博士号を取得しました。彼の論文指導教官ジェフリー・チュー（1924 ～ 2019）は，陽子の構造と強い力の初期の理論研究を通じて，粒子（ハドロン）構造をひものように解釈するいわゆるS行列理論の先駆者でした。のちにシュワルツはこの影響を受け，ハドロンひも理論の研究を続け，1984年に共同研究者マイケル・グリーン（1946～）とともに超ひも理論の基礎を築きました。1972年以来，彼はカリフォルニア工科大学に在籍しています。2014年，彼とグリーンは，21世紀のノーベル賞とも呼ばれる，基礎物理学ブレイクスルー賞を共同受賞しました。

ジョン・シュワルツ

1984年，ジョン・シュワルツとマイケル・グリーンは超ひも理論を発表しました。ここからは，粒子を点状のエネルギーの塊としてではなく，1次元の振動するエネルギーのひもとして考えます。ボソンとフェルミオンの両方がこの「超ひも」理論に適合しており，4次元時空内の，ひもの異なった種類の振動として表すことができるのです。粒子の世界線は太くなり，時空の中のスパゲッティのような1次元の通路からマカロニのような管になりました。そして，このような新構造の下では繰り込みをまったく必要とせず，すべての無限大は解消されました。唯一の問題は次のとおり

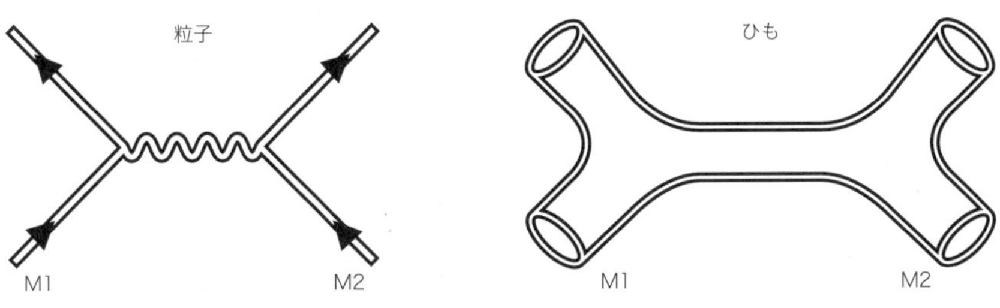

点状粒子に代わって，粒子は，時空の中を移動し2次元表面を形成する閉じたひもとされた。これらの表面の振動が，異なる粒子を表す。

です。1）自己矛盾のない理論であるためには，時空は10次元または26次元のいずれかでなければならない。2）同理論は，10^{19} GeVに近いエネルギーでのみ自然に機能する。ひもの最低の振動モードは，静止質量をまったくもたない粒子を生成し，次に高い質量範囲は10^{19} GeVである。

超ひもには，両端のある開いたひもと輪になった閉じたひもの二つのタイプがあります。開いたひもは4次元時空に固定され，標準模型の粒子を表現します。閉じたひもは重力を生成する個々の重力子に相当します。この理論の発見は，第一次ひも革命として知られ，その後1年も経たないうちに，研究者たちは，ほかの四つのタイプの超ひも理論を発見しました。この時点でのすべての理論を挙げると，1982年にシュワルツとグリーンが発見したタイプI，タイプIIA，及びIIBと，いわゆる閉じたひもヘテロティック理論SO（32）及びE7 × E7がありました。各理論は，それ自体一

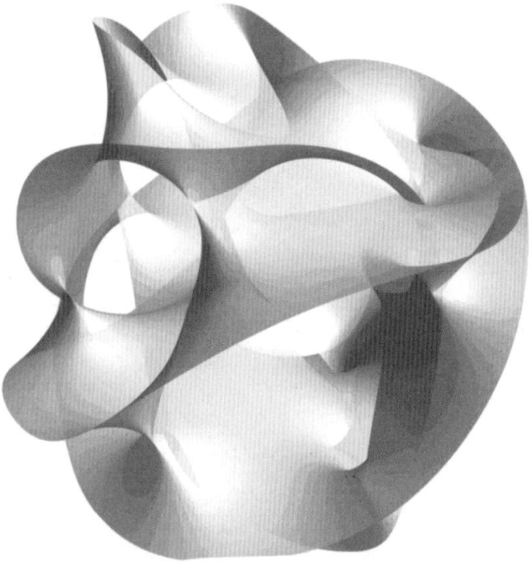

カラビ−ヤウ空間の形状の例

貫性があり完全で，粒子状態に関する物理と現象論を，10次元時空で振動するひもの励起として記述するものでした。物理的な世界を表現するために，10次元のうち四つは相対性理論の通常の4次元時空ですが，新たな六つの余剰次元はひもだけにアクセスすることができる特殊な幾何学形状をしています。これらの幾何学形状は，ひもが既知の粒子状態を表すために必要な内部対称性を与える，特定の位相形状をもつ必要がありました。素粒子の大きさで有限の広がりをもつこの小さな空間は，カラビ-ヤウ多様体と呼ばれます。

1990年代初頭，ひも理論研究の界隈にはかなりの焦燥が溜まっていました。ひも理論は，標準模型の粒子と重力を伴う場を統一した「万物の理論」の原型と考えられていましたが，それでは，五つのひも理論のうち，正しい理論はどれなのでしょうか。1995年，エドワード・ウィッテンは，五つのひも理論の間にある多くの技術的類似性は，M理論という11次元で働く一つの理論があれば説明できると提唱しました。要するに，新たな次元が加わることで，新たな対称性が加わり，より大きな理論の五つの異なる射影が五つの別々のひも理論を構築することが可能なのです。これは，立方体を3次元空間で回転させると，立方体の六つの個別の2次元面が現れるのとよく似ています。M理論のMは，物理学者の視点に応じて，「魔法（magic）」，「ミステリー（mystery）」，または「膜（membrane）」として解釈できます。1995年に始まったこの時期は，第二次ひも革命ともいわれ，M理論においてブレーン（膜）と呼ばれる物体の本質と力学に関し，リサ・ランドール（1962～）及びラマン・サンドラム（1964～）による多くの興味深い提案がありました。

M理論の言語では，完全な11次元の時空を表す「バルク」などの用語を使います。また，ブレーン（膜）という4次元の部分空間に着目します。私たちの時空は，これらのブレーン世界の一つで，ブレーンに，開いたひも

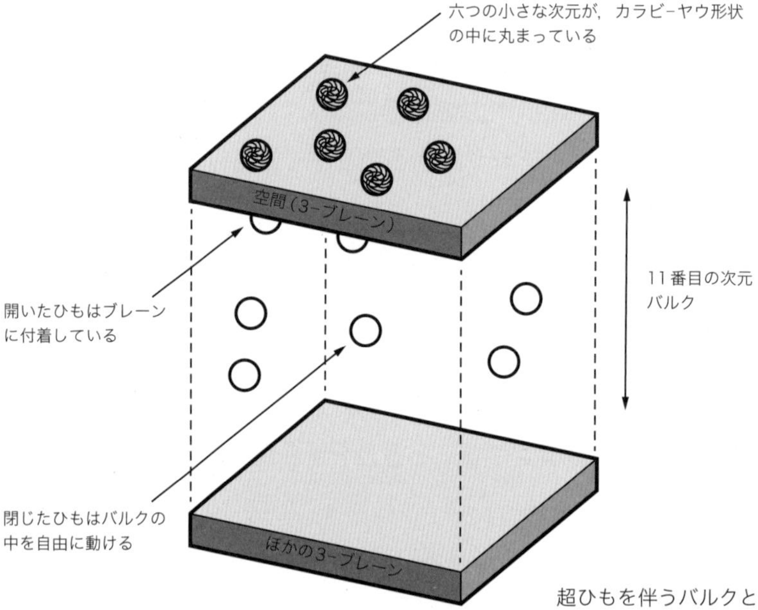

超ひもを伴うバルクとブレーン。

の両端が固定されています。そのひもの特性から，私たちが知っている標準模型の粒子と場がつくられます。閉じたひもは重力子に相当し，バルクの中を自由に動けます。そのため，重力は，標準模型の粒子とは異なり11次元のバルク全体にわたって作用できる力なのです。また，重力の弱さは，ひもの一部のみが4次元のブレーン世界に存在すると考えると説明がつきます。標準模型の粒子は，ひもとしては数プランク長（10^{-33} cm）以上は伸びず，個々のブレーン世界を超えることはないので，我々はバルク内のほかのブレーン世界を検出することは不可能です。

超ひも理論の最も驚くべき特徴は，カラビ–ヤウ多様体の形状に応じて，異なる標準模型が得られることです。ある概算によると，これらの可能性は$10^{272,000}$にも上ります。それぞれが，量子真空，宇宙定数及び粒子と場の割り当てについて独自のモデルを導きます。ひも理論の状態の集合をランドスケープと呼び，数々のランドスケープの中から私たちの固有の物理世界と標準模型がどのように選ばれたのかを理解することは，重要な問題です。これらすべての可能性の合計は，多元宇宙とも呼ばれます。ある意味，これは可能性のヒルベルト空間内の点として量子状態を記述したことと似ています。特定の観測のみが，この可能性の空間を，実際に観測された単一の量子状態に収縮させます。ひも理論においては，境界条件として人間原理のいくつかの説が提示されています。言い換えれば，観察者としての私たちの存在自体が，ランドスケープの可能性を，私たちが見ている世界と一致する，ごくわずかな可能性の部分集合にまで縮小させるのです。観察者参加の役割は，ジョン・ホイーラーが1994年にこのアイデアを提案して以来，多くの量子力学の問題に対する興味深い解決策となってきました。彼は，次のように述べています。「観察された現象でなければ，どんな現象も現実の現象ではない……私たちがいることで，近くと今ここだけがあるのではなく，はるか遠くとはるか昔も存在する」。私たちはすでに第5章で，量子力学の観点から測定行為を議論する際に，これらのアイ

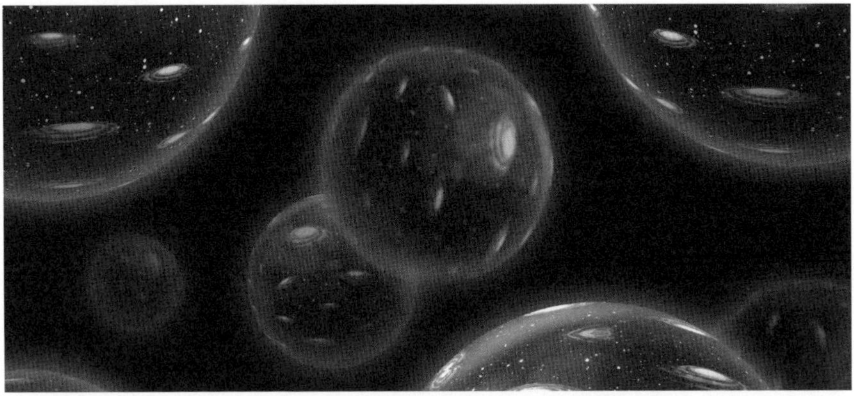

ひも理論によると，何百万もの異なった論理矛盾のない宇宙の理論が存在し，実際にその一つ一つが現実の宇宙の可能性を表している。この考えは，多元宇宙論として知られている。

デアの多くに触れてきました。

第二次ひも革命から現在に至るまで，ひも理論家は，この「美しい」理論で，エネルギーのはしごの一番下にある低エネルギー世界の素粒子物理学について予測することに苦心してきました。彼らの多くは，22世紀の理論を物理学者に与えておきながら，その秘密を解き明かすために20世紀の数学だけを与えるとは，自然は不親切なものだと感じていました。一方，シェルドン・グラショーは，超ひも理論が脚光を浴びた当初から，非常に辛辣な批判をしてきました。マーティン・ガードナーの著書『夜は大きい』（1996年）からの引用によれば，グラショーは次のように述べています。「私が知り愛する物理的世界について，彼らは何も言わないであろうことを承知している。それが，私がこれらの理論を好まない主な理由だ…ハーバードの私たち幾人かは，超ひも理論の幻影を追い求めるのではなく，未だ実験から理論へと進む上向きの道をたどろうとしている。[超ひも理論は] 足元にある現実的な世界を扱う理論を構築するのに，到達しがたい夢のごとき最大エネルギーを必要としている」

リチャード・ファインマンも懐疑的でした。『スーパーストリング 超ひも理論の世界』（1988年，邦訳：1990年，紀伊国屋書店）に収録された物理学者ポール・デイビーとの対談で彼は次のように述べています。「私は若い頃，[物理学の] 分野の多くの老人が新しいアイデアをうまく理解できないことに気づいた……私は今，老人で，これは新しいアイデアだ。そして彼らはどうかしているように見えるし，間違った方向に進んでいるように見える。今，私はほかの老人がこのようなことを言うのが非常に愚かであったとわかっている…… [しかし] 私はこの超ひも理論のすべてが狂っていて間違った方向にあると思っている。彼らは何も計算していないし，自身のアイデアを検証してもおらず，それは好ましくない」。ファインマンはさらに，超ひもは10次元でしか機能しないという考えを批判しまし

ノーベル賞受賞者シェルドン・グラショーは，どの理論が正しいかについての最終的な決定権者であるはずの実験物理学者が観測する世界と，超ひも理論が整合しないという理由から，超ひも理論を支持していない。

た。つまり，私たちの存在という根本的な観察事実に反するとして，理論全体を放棄するのではなく，四つの次元だけが圧縮されない理由を人為的に説明しているように思っていました。

個々の粒子はコンパクトな6次元カラビ-ヤウ空間内の1次元ひもの振動として表すことができますが，フェルミオンとボソンの統合には，フェルミオンの記述をボソンに変換するための鍵となる対称性，超対称性が必要です。そのため，超対称性の発見は，超ひも理論の統一過程全体における重要な理論的一歩とみなされています。標準模型を超えて超対称性の証拠が見つからない場合，超ひも理論を改良し，万物の理論をつくろうとしてきた35年以上の努力は水泡に帰するかもしれません。

時空自体の位相幾何についてひも理論が示すものは，少し不明瞭です。ひも状のすべての素粒子の特徴は，あなたが10^{-33} cmの世界へ到達しない限りは明らかにならないと考えられています。10^{-33} cmの世界へ到達したとき初めて，ひもは点状粒子とは見えなくなるのです。この違いは，QEDやQCDなどの点場の量子論を悩ました無限大を，すべてのひもの場の理論から取り除くのに十分です。このスケールにおいては，私たちが通常，連続時空だと考えている空間の中をひもが動くと考えるのは正しくない可能性があるのです。科学の普及者・物理学者のブライアン・グリーンは，著書『エレガントな宇宙』（1999年，邦訳：2001年，草思社）で次のように説明しています。「重力の理論では，重力に関係する粒子から空間と時間の構造を真に分離することはできない。ひもの概念は，それが動いている空間と時間から切り離せない。それゆえ，重力の要因である粒子の概念を根本的に変え，ひもだと考えるなら，ある段階で空間と時間の構造に関する古い概念を捨てなければならない……プランク距離に関連する非常に短いスケールにおいてだ……現在の研究の多くは，［この］仕組みを正確に理解することに焦点を当てている……」

1987年には，スティーブン・ワインバーグも，ひも理論後の世界の時空の概念を，以前とはまったくかけ離れたものになるとみなしていました。彼の著書『究極理論への夢』（1993年，邦訳：1994年，ダイヤモンド社）の中で，次のように記しています。「これらの理論では，空間と時間が圧倒的な重要性をもつとはいえない。空間と時間の座標は，一貫した理論を作成するためにまとめる必要のある多くの自由度のうちのたった四つにすぎない。私たち人間だけが，自らにとって非常に重要であるから，それに特別の幾何学的重要性を与えているのだ。私たちは，空間と時間が重要だと考えるのはやめて，空間と時間の新しい見方を探さなくてもよいと思う。誰もが超ひも理論に取り組むべきだとは思わないし，現象論や低エネルギー物理学に取り組むべきだとも思わない。人はできることをすべきだ……先を見越して，17桁の大きさのエネルギーを飛び越え，最終的な答えが眠っているかもしれないプランクスケールを仰ぐこともまた価値があると思える」

Key Points

- ひも理論は，標準模型のすべての粒子が実際には「ひも」の輪で，そのひもが11次元の中で振動して，粒子の既知の特性を生み出すと考える。
- 10次元で機能する五つの異なるひも理論が存在する。10次元のうち四つは通常の相対性理論上の4次元時空だが，残りの6次元は小さく，いわゆるカラビ–ヤウ多様体の形をしている。
- 6次元のカラビ–ヤウ空間の幾何学的特性が，標準模型粒子の数，ファミリー及び性質を決定する。
- M理論は，もともとの五つの超ひも理論を統合して，バルクと呼ばれる11次元時空において機能する大きな理論にしたものである。
- 超ひも理論の可能な解の集合をランドスケープという。私たちの宇宙は，多元宇宙と呼ばれる膨大な数の中の可能性の一つである。
- 超ひも理論は，重力が量子化されておらず，重力の量子論ではない。重力が非常に弱い場合にのみ機能する，既存の背景依存の数学的記述に依拠している。

第13章

量子重力理論

前章までの数章の議論の中で，強い力，弱い力及び電磁気力を統《す》べるGUTの発見に夢中になっている一方，重力を完全に無視していることに気づいたことでしょう。これは見落としではありません。4次元時空を装った重力は，強い力，弱い力及び電磁気力，そして時空の隅々にまで満ちたさまざまなヒッグス場とは，まったく無関係だと考えられていました。時空は，ほかの場を記録するための汎用的な座標枠を与える便利な背景でしかなかったのです。重力を含む万物の理論をつくるためには，ほかの三つの力の理論から手がかりを得て，まず重力とその場の量子論のようなものをつくることが理にかなっています。

重力の量子論の探求には，長く複雑な歴史があります。過去200年間のほとんどの間，重力と電磁気だけが知られていました。これらの力は両方とも同じ「逆二乗」の法則に従って減衰し，かつ，無限の作用範囲をもつように見えたため，イマヌエル・カント（1724～1804），マイケル・ファラデー（1791～1867）やジェームズ・クラーク・マクスウェル（1831～1879）ら多くが両者の統一理論を作成しようとしました。1786年，イマヌエル・カントは，宇宙は力で満ちており，空間の各所に引力と斥力が存在し，その衝突が観測可能な世界のすべての現象を生み出すと想像しました。カントの視点では，重力や磁気などの自然界の力は，単に互いの現れであり，適切な物理的条件が整えば，一方を他方に変換することができるのです。結局のところ，静電場と磁場だけがとても簡単に相互変換できることがわかりましたが，この方法をどう実行するかを解明するには，さらに34年かかりました。解明したのはアンドレ・アンペールでした。彼は，同じ方向に電流が流れる2本のワイヤーを並べると，ちょうど2個の磁石のS極を隣り合って置いたときのように，互いに反発することを発見しました。つまり，磁気が荷電粒子の運動（電流）によって発生したのです。マイケル・ファラデーは，長年の丹念な研究を経て，1831年，ついに，新しい電気現象，「誘導」の存在を実証しました。電線に流れる電流をオンないしオフにしたとき，または強さを急激に変化させたとき，隣の電線に弱い電流が流れ始めます。これは，磁石を動かすことでも同じような電流を誘導できるという第二の発見につながりました。ファラデーは1852年の論文『Experimental Researches in Electricity（電気の実験的研究）』で，「磁力線」の観点から電磁誘導の過程を説明しました。彼は，これらの力線は「空間の歪み」と考え，自然の法則はこの歪みの相互作用の結果だと信じていました。

イマヌエル・カントは，物質は自然界の副次的現象で，それ自体が本質的なものではないという考えの初期の提唱者である。

マクスウェルは，ファラデーによる絵画的な力線のアイデアを，厳密かつ数学的に正確な理論に直すことに成功しました。彼は，電場と磁場が，電磁場という単一の数学的実体の一部であることを示したのです。自然界の三つの力，重力，電気力及び磁気力に代わって，新たに，重力と電磁気力という二つだけが存在することになりました。マクスウェルはまた，電場または磁場で乱れが発生すると，この乱れが電磁波の形で空間を伝わることを発見しました。電磁波が通常の光にすぎないことは，のちにハインリヒ・ヘルツ（1857～1894）が実証しています。ヘルツの発見に続いて，グリエルモ・マルコーニ（1874～1937）は「無線」電信システムを発明しました。これらの理論から始まり，人の一生ほどの短い間に，ラジオ，テレビ及びMTVなど多くの発明へとつながります。

光が波の性質をもつことをマクスウェルとヘルツが確認した頃は，光についてどう考えるかについて混乱はほとんどありませんでした。17世紀の終わりにかけて，クリスティアーン・ホイヘンス（1629～1695）は，光の回折に関する研究を率先し，光が波動現象であると説得力をもって実証しました。当時，既知の波動現象はすべて，その運動を支えるための媒質が必要だと考えられていました。ホイヘンスが，水が池の表面の波紋を支えるようにエーテルと呼ばれる物質が光の移動を担っている，と提案するのはとても自然なことでした。太陽からの光を運ぶための透明な媒質が存在しない限り，光が一体どうやって宇宙を移動できるというのでしょう。

19世紀の自然哲学者は，エーテルにはいくつかの形態があることを認識していました。まず電場が作用するためには電場自身が必要で，二つ目は磁場，三つ目が重力場，そして最後に光が波として移動するための発光性エーテルが必要でした。実際，マクスウェルは，彼の電磁気方程式はエーテルの伸長する特性を表現しており，エーテルは水や鉄のような物質的な媒質として空間とあらゆる物質内の空間にまで浸透していると考えました。マクスウェルは，電気的・磁気的現象を電磁気力の現象として一つにすることに成功したのみならず，三つのエーテルを単一の「電磁気エーテル」に統一しました。ホイヘンス–マクスウェルのエーテルは，惑星の動きに抵抗効果を及ぼすことができないとされ，これはティコの時代まで主流であったアリストテレスの古典エーテルとは異なるものでした。

心配することがたった二つしかないとすれば，人生は単純です。しかし，電磁気相互作用が古典的なマクスウェル場の理論から相対論的な場の量子論へと急速に進化していく中，同時期に，重力は止まったままのようでした。重力理論を発展させる原動力の多くは，リーマン空間の抽象的な性質に魅了された数学者でした。対照的に，量子電気力学の進歩への刺激の多くは，特に後年，原子物理学上の多くの実験結果を解明しようとする物理学者がもたらしました。一般相対性理論は，いくつかの明確な実験を除いて，現代の実験技術の範囲を超えた理論のままです。アインシュタインがかつて次のように述べました。「理論科学者は，理論の探求において，ますます，純粋に数学的・形式的考察によって導かれるようになってきている。なぜなら，実験物理学者の物理的な経験は，理論科学者を最高の抽象化された領域に導くことができないからである」

また，統一とは何を意味するのかという問題もあります。すべての場が同じ方程式に現れ，A，B，Cなどの記号で示されるだけで十分なのでしょうか。それとも単一の超場Dの異なる内部要素としてD（A,B,C）と表すことまで必要でしょうか。さらにいえば，時空の構造に刻まれた線をたどっていくと，線上にある点は，どの地点で空間ではなくなり，埋め込まれたクォークやレプトンになるのでしょうか。ウィリアム・クリフォード（1845～1879）が1879年の論文『On the Space-Theory of Matter（宇宙について－物質の理論）』を発表し，さらにアインシュタインが一般相対性理論によって一連の理論的研究を具体化して以降，物質を純粋な幾何学現象として扱う理論の構築に多くの努力が注がれました。

この提案の元は，少なくとも18世紀までさかのぼって見つけることができます。たとえば，ルジェル・ボスコヴィッチ（1711～1787）とイマヌエル・カントは，物質は何もない空間で互いに作用し合う純粋な力の場の相互作用の結果であって，物質は宇宙のはるかに基本的な事象間の相互作用をたどる副次現象にすぎないと信じていました。ベルンハルト・リーマン（1826～1866）は，1854年の論文『Uberdie Hypothesen welche der Geometrie zegrunde liegen（幾何学が依拠する仮説について）』で，空間はニュートン物理学の滑らかで平らなユークリッド幾何学とはまったく異なる構造（または位相幾何）をもつと確信していました。その数年後，1872年，数学者フェリックス・クライン（1849～1925）は，すべての物理法則と物理量が純粋な幾何学的概念で記述できることを示そうと考

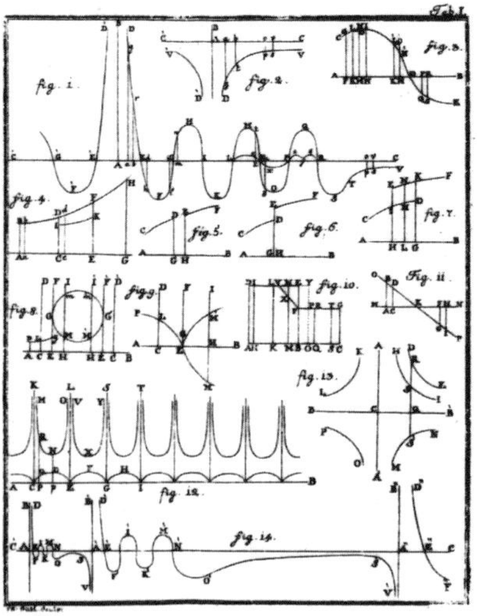

ルジェル・ボスコヴィッチ著『自然哲学の理論』の図。

え，エルランゲン・プログラムに取り組み始めました。

早くとも1901年には，電子は質量のすべてが自身の電磁場だけに起因するかのように振る舞うことが発見されており，物質には固有の一時的な性質があることはすでに理論と実験の両方から理解されていました。電子を加速した際の振る舞いは，重く小さな球が取り残されることはなく，純粋な電磁気現象であることにかなうと実験が示していました。電子は，自身の静電場に埋め込まれた重い小球としては，振る舞わなかったのです。また，現代の実験結果は，陽子が3個のクォークからなることを示しています。しかし3個のクォークの静止質量の合計は20 MeVで，陽子1個の質量の46分の1です。陽子はどのようにして各部分の総和よりも重くなれるのでしょうか。答えは，残りの質量は，各クォークを取り巻くグルーオン場にひそむエネルギーの形で存在しているのです。これはまったく非物理的な存在ですが，アインシュタインの方程式$E = mc^2$が正しいことを示すシンプルな現れです。エネルギーと質量は同じ概念のコインの両面にすぎず，割り当ては関係なく，両者の合計値のみが重要なのです。

物質から質量を切り離し，電子と陽子をある場の中の永続的な結び目と考えることは実用的ではありません。なぜなら，物理学者は最小の粒子でさえ，まったく空である空間に埋め込まれた極小の球として考えることが有用だと知っているからです。それでも，物質は空の空間の別の形にすぎないという考えは，アインシュタインが，質量はエネルギーの別の形にすぎないことを示したように，物理的現実の基盤にまで至る深い示唆に富んでいました。アインシュタインは，晩年になって，物質は自然の基本要素ではないという考えの正しさを確信しており，次のように主張しています。「物質粒子は，場の理論における基本概念ではない。この理由から，マクスウェルの電気力学でさえまだ完成していない」。場の理論としての重力も，物質の特権的地位を否定しなければなりません。ジョン・ホイーラー（1911～2008）は，1973年の著書『重力理論』（邦訳：2011年，丸善出版）でこの主題の現代的見地を言い表しています。「幾何学（時空）以外に粒子を構築するものとして何があるというのだろうか」

ジョン・ホイーラー

ジョン・アーチボルト・ホイーラー（1911～2008）は，1933年にジョンズ・ホプキンス大学で博士号を取得し，1938年にプリンストン大学で物理学の教授に就任しました。彼は，同大で原子核モデルとS行列理論の研究を行い，その後1942年にマンハッタン計画に召致されました。また，1950年の水素爆弾開発に関わっています。リチャード・ファインマンは彼の教え子の一人です。1950年代初頭，ホイーラーはポスト一般相対性理論の幾何力学のアイデアを発案し，「ブラックホール」や「ワームホール」という造語，プランクス

ジョン・ホイーラー

ケールでの時空が泡沫であるという構想など，古典及び量子重力理論の多くの主要な概念を開発しました。彼のドラマチックなアイデアの一つは，観察者が観察行為そのものによって物理的な宇宙をつくる参加型宇宙です。

1924年にヘルマン・ワイル（1885～1955）が本格的に始めた物質の幾何学化の理論プログラムは，その後1955～57年の間にジョン・ホイーラーとチャールズ・マイスナー（1932～）によって発展しました。時空は，10^{-33} cmのスケールでは，滑らかで平らな一枚の紙ようではなく，ある領域と別の領域の間のループやブリッジが現れて消え，空間の幾何学構造がこのスケールで大きく湾曲して歪んでいると考案したのです。

物理学者は，プランク単位のスケールを用いてこの作用を考えます。プランク単位は，一般に，時空の量子効果が有意になるスケールを示すと解釈されます。これらは，ニュートン重力定数（G），光速（c），プランク定数（h）を適切に組み合わせて，次のような適切な物理単位で定義されます。

$$L_p = \sqrt{\frac{hG}{2\pi c^3}} \qquad m_p = \sqrt{\frac{hc}{2\pi c}} \qquad t_p = \sqrt{\frac{hG}{2\pi c^5}} \qquad T_p = \sqrt{\frac{hc^5}{2\pi G k^2}}$$

上記の定数に適切な値を代入すると，以下が得られます。

プランク長　$L_p = 1.6 \times 10^{-33}$ センチ

プランク質量　$m_p = 2.2 \times 10^{-5}$ グラム

プランク時間　$t_p = 5.4 \times 10^{-44}$ 秒

プランク温度　$T_p = 1.4 \times 10^{32}$ ケルビン

プランクエネルギー　$E_p = m_p c^2 = 2.0 \times 10^{16}$ エルグ
（または1.3×10^{19} GeV）

プランクスケールにおける時空。

ホイーラーはこのアイデアをさらに一歩進めて，時空の中で，可能な3次元空間の幾何学構造すべてに確率が割り当てられており，私たちの3次元空間はどの時点においても無数の量子位相幾何の単なる平均にすぎないことを，ハイゼンベルクの不確定性原理が証していると考えました。個々の3次元空間の幾何学構造は，既知の非重力場ごとに一つずつ量子場の集まりを含んでいます。これらの量子場がともに作用して，空間の平坦な幾何学構造をアインシュタインの方程式と一致する形状へと歪ませるのです。これらの3次元空間の幾何学構造の細部は，プランクスケールにおけるゆらぎと関係しており，私たちの宇宙は，最大確率の経路に沿って，幾何学状態の一つとほかの似た状態の間を明確に移っていきます。個々の幾何学状態は，電子の波動関数に似ていると考えられます。電子の量子状態がすべての可能な波動関数状態のヒルベルト空間の要素であるのと同じように，私たちの3次元空間の量子状態は，可能性のいわゆるホイーラー超空間の要素なのです。電子の状態の発展は，シュレーディンガー方程式に従って，個々の量子状態を結ぶヒルベルト空間を通る経路として記述でき

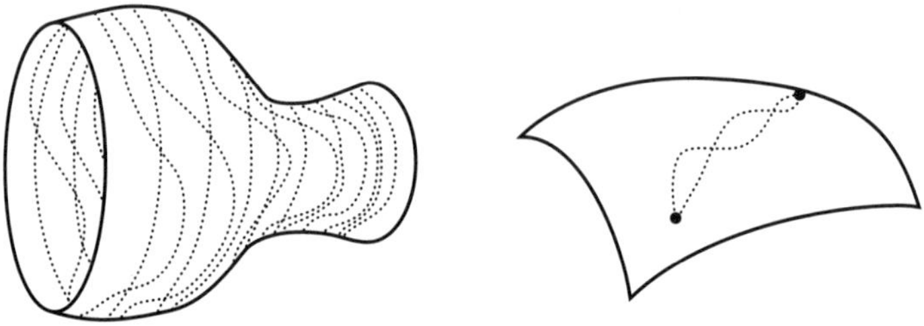

時空は，ある3次元幾何学構造（g1）から別の幾何学状態（g2）への変化を表す。超空間には，内部にある物質場の位置によって決定される3次元空間のすべての可能な幾何学状態が含まれ，ホイーラー–デウィット方程式を用いてこれらの個々の状態を結ぶことによって時空が形成される。

ました。同様に，私たちの3次元空間の状態の発展は，個々の幾何学構造の量子状態を結ぶ経路として，超空間を通って追跡できます。この状態変化を記述する方程式は，ホイーラーとブライス・デウィット（1923～2004）が開発したので，ホイーラー–デウィット方程式と呼ばれます。

重力をどう扱うかを考えていたのは，相対性理論の研究者だけではありませんでした。量子力学の知識をもつ物理学者たちは，まったく異なった，そしておそらくより現実的な手法をとっていました。1930年代，ディラックが電子の量子論をつくりあげました。さらに重要なことに，強い核力と弱い核力の発見によって，自然は，重力と電磁気だけを考えればよいという単純なものではなくなりました。これは，場の理論と統一へ向けて，古典的手法に基づいて電磁気と重力を扱うことに終焉が訪れたことを表しています。カードゲームでたとえると，理論物理学は，場の量子論だけがその追求のための出発点として受け入れられるように，掛け金が引き上げられていました。重力の量子論はどこにも見当たらず，研究者の関心は，重力の統一からより実用性の高い分野へ移りました。

それでも，一部の物理学者は，量子重力理論の抽象的なガイドだけを頼りに，できる限り前に進もうと苦労してきました。そのうちの一人，レオン・ローゼンフェルト（1904～1974）は，1930年，光子の自己重力エネルギーを計算することで，場の量子論の新しい手法を重力に適用しようと試みました。彼は，量子重力の計算が克服すべき技術的な問題の多くを初めて特定しました。そのうちの一つは，量子電気力学でも類を見ないほどのひどい無限大問題でした。デウィットは，1967年の論文『Quantum Theory of Gravity（重力の量子論）』で，「ローゼンフェルトの結果は，量子重力力学は初めから素粒子物理学の理論的基礎にある困難な問題と密接に関連する運命にあることを予言していた」と指摘しています。

デウィットは，ハーバード大学での博士論文の一環として，20年後にローゼンフェルトの計算を再度実行しました。ローゼンフェルトがこの計算に取り組んだ時点から，QEDは大幅に進歩していました。QEDの無限大は繰り込み手法で回避できていましたが，デウィットの結果からは，QED手法を重力にそのまま適用するとさらに多くの問題が発生することが明らかでした。繰り込みは，QEDの場合のように2回（電子の質量と電荷を再定義するため）だけでは足らず，重力計算が膨らまないように何度も何度も途方もない回数適用する必要があったのです。このようなローゼンフェルトとデウィットの初期の努力は，量子重力理論を構成すべき要素についての理解を大きく改善し，初めての理論的展望に関する分析につながりました。しかし，重力を場の量子論として矛盾なく説明できる，真の理論の姿の根拠となるものは，欠片も見つかりませんでした。物理学者のジョシュア・ゴールドバーグ（1925～）は，1984年の著書『重力，幾何学構造及び相対性理論の物理学』で，「アインシュタイン理論の量子化は……幾何学構造，時空，多様体そして重力とほかの物理学との関係の意味について根本的な疑問を提起する」と述べています。

今世紀の間，量子重力理論の探求は，二つの研究過程のいずれかに従っ

ブライス・デウィット（左から二人目）は，ジョン・ホイーラーとともに，系の状態など通常の量子力学の概念を用いて，時空の量子論の背後にある重要な概念を発展させた。

て行われてきました。最初の手法は共変量子重力理論と呼ばれるもので，重力場を置くための背景として何を用いるかという問題を，時空を二つの要素に分割することで解決します。一つの要素は平坦な時空を表し，二つ目は重力場の動的要素として機能します。言い換えれば，二つ目の要素は，背景時空の幾何学構造をわずかに乱すだけの通常の場のように扱うことができます。これは，量子重力理論の数学処理がすべて終わった後，共変量子重力理論で用いた背景場は，見ることができない理論の足場として完全に消え，QED の仮想粒子が行うよりも徹底的な消滅が必要であることを意味します。これが，超ひも理論で用いられた手法です。

二番目の手法は，正準量子重力理論と呼ばれ，まったく異なるところから生まれています。アインシュタインの重力方程式は，シュレーディンガーとディラックが開発し確立した数学的手法に従って，書き直されました。新しい形になったことで，同方程式は，通常の量子力学の中で従来的な数学的手法に則って分析することが可能となったのです。これにより，量子重力理論は立派な量子論のような外観になりましたが，同理論では，3次元空間の力学が重要な役割を果たします。新しい公式は，宇宙の完全な3次元空間幾何学構造の系の状態が，別の状態へどのように変化するかを記述するものです。量子力学は，時空の中を運動する粒子の軌跡を調べることに基づいていますが，量子重力理論は，これに加えてさらに，時間とともに展開する，可能な空間の幾何学構造すべてを考慮する必要があります。ホイーラーとデウィットはこの手法を採用しています。

1960年代，リチャード・アルノウィット（1928～2014），スタンレー・デザー（1931～）及びチャールズ・マイスナーが，量子重力プログラムの理論的基盤に関し，ADM理論と呼ばれるいくつかの新しい検討を開始しました。通常の場の量子論では，各場は4次元時空に重ね合わさっていると考えられており，固有の量子配置によって特徴づけられます。この量子配置は，関連する粒子のスピン，エネルギー及び角運動量を表す，固有の量子数の集まりによって添字化されます。この配置は，光子の吸収などの外部の影響を受けて系が発展するにつれて，明確に定義された方法で変化します。各状態には確率が割り当てられており，系の発展は基本的な「確率波」の方程式に基づいて決定されます。電子は，その形状が，固有のエネルギー，角運動量及びスピンに依存する波として記述されます。電子の可能な量子配置はすべて，ヒルベルト空間と呼ばれる新しい種類の空間の要素なのです。ヒルベルト空間は，電子の量子状態ごとに一つの次元が対応している無限次元の空間です。電子の波動関数が変化すると，電子はヒルベルト空間のある配置から別の配置へ移動します。

この量子力学の基本的な考え方を，どのように量子重力理論に引き継げばよいのでしょうか。量子状態，波動関数，さらにはヒルベルト空間の代わりとなるものは何でしょうか。また，粒子が無限にもつ可能な全量子状態を添字化する離散量子数の代わりに，重力場と時空のどのような特性が使われるのでしょうか。正準量子重力理論が提示する答えは，驚くべきもので，真実であるとすれば非常に落ち着かないものでした。

粒子系の発展を表す方程式は，今や，宇宙の3次元空間の幾何学構造全体が刻々と変化する様子を表す方程式になりました。この意味で，時間は，空間の3次元幾何学構造のそれぞれに添字を付す新たな変数にすぎません。量子力学で，空間における量子系の可能な配置を記録できるヒルベルト空間が必要であるように，ADM理論では，量子重力も，宇宙の可能な3次元幾何学構造一つ一つを表せる，ヒルベルト空間に類似したものが必要だと考えます。この量子重力で必要となった空間を，超空間と呼びます。ジョン・ホイーラーが1973年の著書『重力理論』で述べているように，「超空間は幾何力学の世界である。粒子の力学が時空で展開されるように，アインシュタインによる曲がった幾何学空間の力学は，超空間で進行する……時間に伴う3次元幾何学構造の変化の軌跡は，超空間を切り裂く鋭く薄い「歴史の葉」として表される。量子原理は，この決定論的な説明を，有限の厚みをもつ，曖昧な歴史の葉に置き換える。その結果，プランク長距離程度の世界を支配する空間の幾何学構造で，量子ゆらぎが発生する」

この分析はまた，いくつかの注目に値する推論につながります。たとえば，ハイゼンベルクの不確定性原理が，固定された古典的な時空の存在を否定します。時空は，平均的な感覚では，プランクスケール10^{-33} cmよりもはるかに大きいスケールでのみ意味をもちます。空間と時間自体は一次的なものではなく，自然においては二次的な概念であり，おそらくより根底にある現実の近似としてのみ機能するのです。1968年，ホイーラーは論文『Superspace and the Nature of Quantum Geometrodynamics（超空間と量子幾何力学の性質）』で次のように述べています。「……幾何力学の影響が重要となる状況では，時空間は意味も妥当性もない……時空も時間もなければ，前も後もない。「次に」何が起こるかという質問は無意味だ」。あなたがプランクスケール10^{-33} cmに近づいたとき，時空はひどく歪みだしますが，同時に時空の座標そのものがなくなることはないようです。空間にはワームホールの取っ手ができ，この取っ手の表面は，それ自身のサブプランク長さの時空が継ぎ合わさったさらに歪んだ時空からなっています。1960年代後半，正準量子重力理論や超空間量子化の手法は，時空の量子状態を定義する方程式を解くことが概して非常に困難になり，増え続ける数学的な形式論の中で行き詰まってしまいました。一方，共変量子重力は，素粒子物理学の研究で洗練された概念に依存しているので，60年代に数度にわたって刷新されていきました。

リチャード・ファインマンとブライス・デウィットは，QEDの手法を重力に体系的に適用する，摂動級数アプローチに取り組みました。これは，たとえば，初めに重力子を1個放出する光子，次に2個放出する光子，次に3個放出する光子……など，非常に単純なファインマン・ダイアグラムから始めることを意味します。各段階での寄与を合計して，1個の光子が仮想重力子の雲と相互作用する過程の合計強度を求めました。この数学的手法から，彼らは，量子重力理論がどのようなものであっても，少なくともユニタリー理論であること，つまり，級数に新しい項を追加していくごとに，確率の合計は正確に1に近づいていくことを証明しました。これは，少なくとも，弱い重力場には当てはまりました。しかし，強い場では，重力は引き続き繰り込み不可能なことがすぐに発見されました。強い場という条件で，ある過程を最後まで計算しようとすると，繰り込みが必要な量がどんどん増えてしまうのです。少なくともQEDでは，繰り込み手法は，電子の質量と電荷という二つの量を再定義するだけでした。

アインシュタインの元の重力方程式に新たな項を加えることで，繰り込み可能な量子重力理論の新たな形式を作成しようと多くの新しい試みが行われました。アインシュタインはすでに，宇宙が膨張したり崩壊したりしないように安定であるため，重力方程式に宇宙定数項を加えていました。これと同様の項を追加し，無限大の惨劇に対して重力計算を安定させようとしたのです。しかしこの研究は，前章で説明したGUTや超対称性理論を用いた重力とGUTの統一の研究の発展に追い抜かれてしまいました。

重力放射は存在するがその量子効果は測定できない，という曖昧な実験的証拠は別として，「重力は，標準模型の基礎を形成するQED，QCD及び電弱理論と類似した場の量子論として表現できる」という説得力をもつ理論的証拠は本当に存在するのでしょうか。重力が重力子という量子粒子によって媒介されると仮定すると，重力子はいくつかの非常に基本的な性質を満たす必要があります。重力子は，可能な静止質量の上限が光子自体の100兆分の1であることは，すでに見てきたとおりです。質量がないことに加えて，物理学者スティーブン・ワインバーグは，重力子の定義式を，二つの添字の場$g_{\mu\nu}$で表される重力場のアインシュタイン方程式のように記述するには，重力子がスピン2をもつ必要があることを証明しました。さらに，ワインバーグは1964年に重要な定理を証明し，スピン2粒子がほかのすべての粒子や場と普遍的な強さで相互作用しなければならないことを示しました。

したがって，そのような理論を構成すべき要素についての手がかり一つなくとも，この時点で，重力量子の性質がどのようなものか，ある程度の確信をもって特定することができます。重力子は，重力の伝搬役となる理論上の粒子として適切な特性をすべて備えています。今，私たちに必要なことは，粒子に従って場の理論を構築することです。しかし，ここで二つの難問にぶつかります。そのような重力子の理論は，標準模型で非常に有効と証明された同類の理論で記述できるのでしょうか。また，QEDやQCDが繰り込み法のおかげで無限大を解消したように，重力子の量子場の理論が無限大の答えをもたないことを示せるのでしょうか。

1956年，大阪大学の内山龍雄（1916～1990）は，電磁気学やヤン-ミルズ理論の場合とちょうど同じように，重力も同種の場として表せることを示しました。これは，標準模型のほかの三つの力を解釈する基礎としてすでに重要性が証明されている理論と，重力理論が同類の理論であることを確証するもので，重力研究にとって非常に重要な発見でした。考えてみると，重力はほかの力とは明らかに違って見えるので，とても驚くべき結果です。1963年，ブライス・デウィットは，時空に5番目の非常に小さな新しい次元を追加することによって，ヤン-ミルズ理論に重力を統一できるかもしれないと示唆しました。この手法の問題は，4次元時空に固定される新しい次元が小さくなければならない，合理的理由がないことです。それでもこの時点で，技術的な難しさは別として，すべての力の統一理論は目前にあるように思えました。しかし，未だに，説得力のある重力の量子論は発見されていません。アイデアの集まりは，実際に定量的な予測が可能な厳密な数学的枠組みと同じではないのです。

重力にヤン-ミルズ理論を適用しても，やはりそれまでの標準的な繰り込み手法では制御できない無限大を生成します。この手法の変形として，ヘーラルト・トホーフトとマルティヌス・フェルトマン（1931～）が，次元正則化と呼ばれる手法を考案しました。まず初めに4次元を超える時空で計算を実行し，次に4次元時空の解へ変換します。自身とのみ相互作用する純粋な重力子の計算の場合，この手法は有限の解を導き出したのです。唯一の問題は，新しい場を入れるたびに理論の定義式にさらなる項を追加する必要があり，その結果，理論全体が場当たり的で粗野に見えることでした。

1970年代初頭，量子重力理論の問題はある種の岐路にたどり着いていました。馴染みのある場の量子論のような理論を構築する際の基本的問題はとてもよく理解されていましたが，それを回避する数学的手法がありませんでした。何よりも無限大問題は，当該手法に何かが欠けているということを顕著に示していました。それ以上には，量子重力理論を実際に構築する出発点としてどの手法を採用すべきか，一致した結論はまだ出ていなかったのです。一般相対性理論には，重力を量子化できる多くの特徴がありました。一般相対性理論は，時空を，アインシュタインの重力方程式によって形が決まる4次元多様体を形成する点または事象の集合としています。「点」，「多様体」または重力の「場」の量子化を試みることは想像できるでしょう。しかし，時空自体がとても小さな領域となり得るのでしょうか。すでに5次元への拡張が試みられたものの，合理的な理論にはつながらず，放棄されています。それでは，一般相対性理論で提案された相対論的な重力方程式はどうでしょうか。式のどの部分までが量子化の対象となるべきでしょうか。

$$R_{\mu\nu} - \frac{1}{2} R g_{\mu\nu} + \Lambda g_{\mu\nu} = \frac{8\pi G}{c^4} T_{\mu\nu}$$

方程式の右辺には時空における質量とエネルギーの項が含まれていますが，これらは量子場であることが知られています。これらが量子化できるのなら，等号左側の幾何学的な量もすべて量子化すべきではないでしょうか。しかし，どれを量子化すべきなのでしょうか。R，$R_{\mu\nu}$，$g_{\mu\nu}$を揃って量子化する必要があるのか，それとも，そのうちの一つだけでよいのでしょうか。$R_{\alpha\mu\beta\nu}$や曲率と重力場の異なる形態を表すすべての量の組み合わせなど，完全なリーマン幾何学理論の下で可能なほかの幾何学的な場についてはどうでしょうか。どうやら，アインシュタイン自身の重力方程式でさえ，量子力学の言葉で書き直すには不十分だったのです。

Key Points

- 量子重力理論は，プランクスケールにおける物理的宇宙を記述する，重力と時空の量子理論であり，量子力学の手法の多くが時空の記述に適用できる可能性がある。

- 重力の量子理論を構築するため，過去100年間にわたって多くの手法が試されたが，すべて，プランクスケールにおける完全に統一された正確な時空の記述には失敗した。

- 上記の試みは，時空の技術的特性を量子現象として説明する用語の語彙を増やした。

- QEDやQCDのような重力の量子理論を構築しようとする試みは，時空を量子の場として扱う際の数学的問題を明確に特定した。

- 明確に決まっている物理的物体としての4次元時空の幾何学構造は，プランクスケールにおいて，その幾何学構造が複雑な位相幾何を超えて無秩序に変化する量子物体の不確定性を表す物体に移行すると予測されている。

第14章

量子重力理論の証拠

量子重力理論という困難な分野の研究に従事している理論物理学者は，少なくとも最終的な成功の可能性を非常に強く確信しています。一方で，量子重力理論に批判的な学者は，そのような究極理論を発見する必然性を認めていません。リチャード・ファインマン（1918～1988）は，1980年代に開催された重力についてのファインマン講義で次のように述べています。「量子重力効果の極端な弱さは，現在，いくつかの哲学的問題を提起している。自然はここで何か新しいことを伝えようとしているのかもしれないし，重力を量子化しようとすべきではないのかもしれない……量子論が重力の量子化の必要性を絶対的に保証しているわけではない可能性も未だ残っている」

重力の量子化問題に懐疑的な物理学者は，量子現象のスケールよりもはるかに小さい電子のような試料粒子がある場合に量子力学はうまく機能するとしばしば主張します。しかし，プランクスケール 10^{-33} cmでは，量子法則を構築しようとしている現象よりも小さい資料粒子，測定器や時計などがありません。距離と時間間隔を測定する手段がなければ，空間を通る粒子の動きを記述することはできないのです。

質量 $M_p = 2.2 \times 10^{-5}$ gの量子ブラックホールは半径が $L_p = 1.6 \times 10^{-33}$ cmです。そして，時間 $t_p = 5.4 \times 10^{-44}$ 秒ほどでホーキング放射の放出によって崩壊します。次ページの図のように，プランク長 L_p のスケールで時空構造を調べる場合，プランクエネルギー E_p と等しいエネルギーをもつ波長 λ の光子を用いる必要があります。

このような光子は非常に大きい質量をもつため，すぐに半径 L_p の量子ブラックホールになり，時間 t_p 内に蒸発してたくさんの高エネルギーの粒子を放出します。つまり，このスケールで時空構造から光子が得た情報は，完全に無秩序化された粒子の爆発的放出によって即時に失われ，それらの粒子の位置と運動量も無秩序に混ぜ合わされるのです。これは，プランク

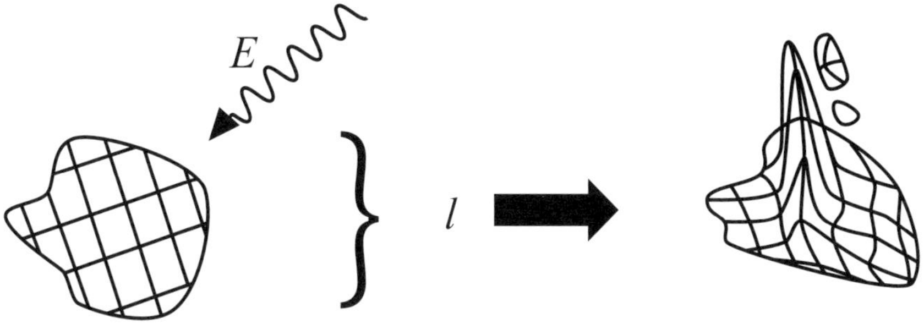

プランクスケールにおける測定例。入射光子が時空に影響し，ハイゼンベルクの不確定性原理のために前の幾何学構造が決定できない。

スケールに到達することは，既知の量子原理さらには測定と観測の技術の観点からは，測定と数学的定式化を超えた，自然に対する認識論的な限界領域に到達することを意味しています。

認識論的問題と重力の量子論構築への多くの失敗は別として，そのような重力の量子化プログラムが必要だという物理的証拠は少しでも存在するのでしょうか。現時点での証拠は決して説得力があるとはいえません。私たちが知っているほかの長距離に及ぶ力は，電磁気力だけです。マクスウェルの理論は，電磁場が自立した波，つまり電磁放射を支えることを示しました。プランクによる黒体スペクトルの研究とアインシュタインによる光電効果の研究は，場が光子として量子化されていることを明確に実証していました。これらの実験的に証明された電磁場の条件，つまり，その波動性の振る舞いと量子化は，重力場にも当てはまるのでしょうか。

ハルス-テイラー連星パルサー

素晴らしいことに，パルサーと呼ばれる深宇宙のある天体を注意深く観察することで，重力放射の放出が確認されました。1974年，マサチューセッツ大学のジョゼフ・テイラー（1941～）とラッセル・ハルス（1950～）

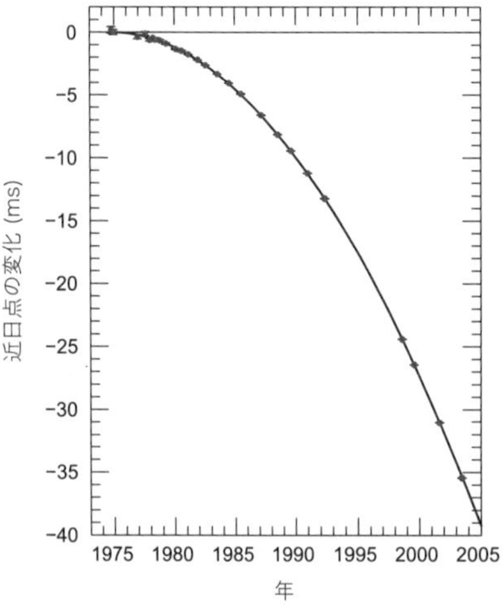

ハルス−テイラー連星パルサーのグラフ。重力放射によって系のエネルギーが時間とともに減少することを示している。

は，PSR 1913＋16（または単にハルス−テイラー二重連星）という謎めいた名の，パルサーとして検出された二つの中性子星からなる連星系を研究していました。この連星系を10年間注意深く観察した結果，軌道要素と時間変化を非常に正確に測定することができたのです。たとえば，二つの中性子星は，周期27906.9807807秒（約7¾時間）で互いの周りを回転していました。

一般相対性理論は，これらの恒星質量をもつ物体が受ける莫大な加速度によって，その系が重力放射を放出すると予測していました。実際，1981年には，二つの軌道周期が減少していることが判明しました。公転に要する時間は，毎秒2.425兆分の1秒ずつ短くなっていたのです。これは一般相対性理論の予測と見事に一致しています。実際の軌道周期の減少量と，一般相対性理論の予測の比率は，1.0000で正確な検証となるところ，1.0023＋/−0.0047でした。重力放射による系からのエネルギーの明らかな喪失を再現できる効果はほかに知られておらず，多数の効果が検討されてきました。実際のところ，PSR1913＋16は，漏れた袋のように，太陽が約2分で通常の光の放射で失うのと同じ量のエネルギーを，1時間で重力放射として失っていたのです。この見事な結果と，重力放射が存在する間接的な証拠を発見したことで，ハルスとテイラーは1993年のノーベル物理学賞を受賞しました。

重力波

1960年代にメリーランド大学のジョセフ・ウェーバー（1919～2000）が簡単な重力波検出器を作成して以降，物理学者は重力波の信号を探してきました。重力波検出器は，重力波が通過するときの10^{-16} mの小ささの変位を記録することができる歪みゲージを備えたアルミニウムのシリンダーでつくられていました。何十年にもわたる探求にもかかわらず，この方法では重力波は検出されませんでした。それでも，初めて真剣に検出を試みたウェーバーは重力波検出の父として知られ，彼の先導によって，この困難な研究分野に後進のための道が開かれました。

ジョセフ・ウェーバー

ジョセフ・ウェーバー（1919～2000）は，1940年に海軍兵学校を卒業し，第二次世界大戦中に多くの艦船にのり，少佐になりました。1948年，彼は海軍を辞してメリーランド大学工学部に進学し，1951年にアメリカカトリック大学で工学博士号を取得しました。彼は1962年にメーザーの画期的な研究でノーベル賞にノミネートされましたが，この賞は1964年にほかの人に授与されました。また，一般相対性理論への興味から，1960年代後半，初の重力波検出器の設計を行いました。測定できる波長において重力波の強度に厳しい制限をつけましたが，残念ながら重力波の検出には成功しませんでした。

重力波検出器を使用するジョセフ・ウェーバー。

最終的には，衝突する中性子星とブラックホールからの低周波の重力波信号に対してウェーバーの装置よりもはるかに高い感度をもつ新技術が登場しました。カリフォルニア工科大学のキップ・ソーン（1940 ～）は，重力波がどのように振る舞うか，どのような種類の天体物理系が重力波を発生するか，また重力波を検出する多様な技術の評価について包括的な理論研究を主導しました。干渉計の研究が進み，1970 ～ 2000 年の間にいくつかの検出器が製作されました。干渉計は，固体の塊の物理的な歪みと変位を測定するのではなく，マイケルソン型の固定された配置でレーザーを使用します。二つのレーザービームが通る軌道がわずかに異なる場合，干渉縞が変動し，光検出器で検出できる仕組みです。

1988 年，レーザー干渉計型重力波観測器（LIGO）計画は，ワシントン州ハンフォードとルイジアナ州リビングストンで一対の大型装置の設計に向けて，スタートアップ資金を得ました。その後，1994 年に，実際の建設が始まりました。11 億ドルをかけた二つの実験装置は，中央に設置された

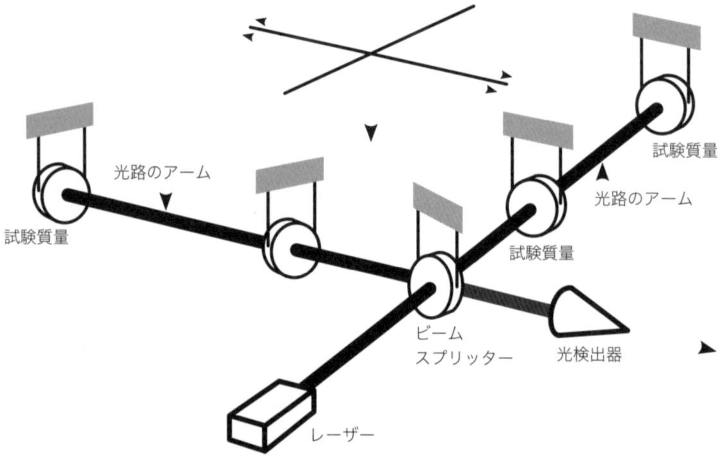

LIGO 重力波干渉計は，原子の直径の 100 万分の 1 の空間の形状の変化を測定し，2020 年までにブラックホールと中性子星の衝突によって発生する重力波の事象を 40 個以上検出した。

二つのビームが重なり合いそれを測定する研究棟，そこから4 km伸びた，90度に交差する二本のアーム上にある一対の鏡（ミラー），で構成されています。20ワットのレーザー発振器は増幅され，ミラーシステムを通過するときには700キロワットを超えます。ビームは中央の研究棟で結合され干渉縞を生成し，ビームの形状に歪みがない場合はゼロとなるように調整されており，最小の光信号が検出されます。重力波が通過すると，重力波によってミラーシステムの形状が歪み，縞にわずかな変動が生じます。元の干渉状態が乱され，光度計システムは，レーザーからの光子をより多く検出します。システムの感度は，干渉計のミラーの10^{-18} mの変位を検出できるほどです。

2002年に最初の観測が始まり，機器の改良を重ねて感度を上げ，2015年9月14日，初の重力波パルスGW150914の検出に成功しました。この発見は，2016年2月11日，主要なプレスリリースと*Nature*誌の論文『Einstein's Gravitational Waves Found at Last（ついに発見されたアインシュタインの重力波）』で発表されました。最初の発見に続いて，2019

リビングストンにあるレーザー干渉計型重力波観測所の管制室。

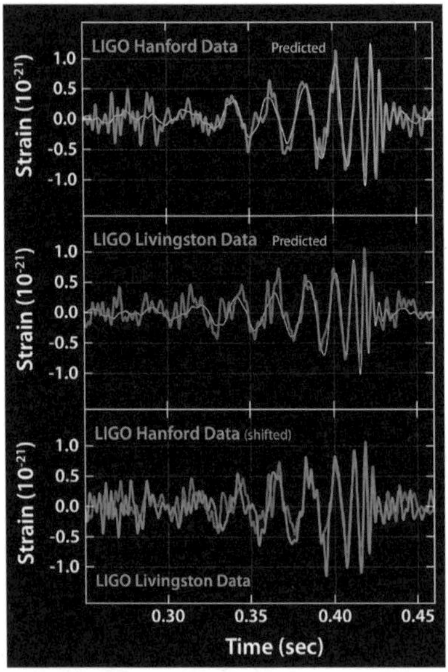

重力波GW150914の信号。ルイジアナ州リビングストンとワシントン州ハンフォードの二つのLIGOの観測装置で観測された。

年までにさらに多くの事象が検出され，現在45を超える事象のカタログができあがりました。たとえば，中性子星−中性子星の衝突と合体，中性子星−ブラックホール，ブラックホール−ブラックホールの合体に関する事象などがあります。

現在，重力波が実証され，重力研究の主流になっていますが，私たちは1890年と同じ状況に置かれています。1887年に電磁波がハインリヒ・ヘルツによって検出され，それから数十年後に，マックス・プランクとアルバート・アインシュタインの努力により，この放射の量子化が発見されました。残念ながら，重力子やそのような粒子を必要とする自然現象は，少なくとも，まだ誰も見たことがありません。ただし，間接的に検出する方法はあるかもしれません。

ガンマ線と量子化された時空

重力が自然界の量子化された場であり，時空と関係し同一だとすると，おそらく約10^{-33} cmのプランクスケールにおいて，重力子はそれ自体が量子化された時空を表します。通常光の光子がそのような量子化された時空を通過すると，移動の途中で量子化された時空のある部分から別の部分へと無秩序な動きをするので，累積経路は異なるはずです。さらに，光の波長（すなわち，エネルギー）によって，光子がプランクスケールの不規則性にさらされるスケールが決まるはずです。低エネルギーの長波長の光子は，高エネルギーの短波長の光子よりもはるかに滑らかな形状の時空を「見る」ことでしょう。異なるエネルギーの光子の集まりが，量子化された時空を長距離移動する場合，短波長光子の場合はその到着時間が長く，長波長光子の場合は短くなるのです。つまり，光の速度が光の波長に依存することを意味します。これは，光子は波長に関係なく常に光速で動くという，特殊相対性理論と一般相対性理論における基本的なローレンツ不変の原理に反しています。しかし，どのような実験を行えばこのエネルギー分散が検出できるのでしょうか。実は，すでに行われているかもしれないのです。

量子時空の泡沫に上限を設定したGHRB画像。

2008年9月16日，NASAのガンマ線大面積宇宙望遠鏡（GLAST，現在はフェルミに改名）は，2008年までに観測された中で最も強力なガンマ線バースト（GRB）を記録しました。バースト（GRB 080916C）は122億光年彼方で発生し，実際に，最高エネルギーの光子は低エネルギーの光子よりも約16秒遅れて到着しました。ただし，GRBの放出原理はほとんどわかっていないため，到着時間の遅れは，ガンマ線の移動に沿う時空の量子化の可能性というよりも，発生過程について多くの情報を伝えているとも考えられます。2015年，フロリダ工科大学のエリック・パールマンと彼の同僚は，新たに六つのGRBを調査し，データは，光が霧の中を拡散するようにガンマ線が時空の中を拡散するモデルとは矛盾すると結論づけまし

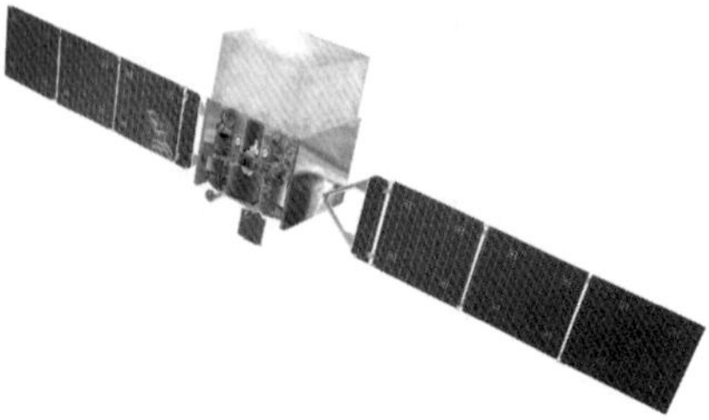

ガンマ線大面積宇宙望遠鏡。

た。GRBの画像が観測よりもはるかに大きくぼやけていなければならず，またこの結果は，時空構造は多くの量子重力モデルが予測するよりも滑らかで「泡沫」が少ないという制約を加えました。さらなるGRBの研究が進めば，天文学者は放出原理による時間遅延の問題と量子化効果のローレンツ不変性の破れを区別できるかもしれません。一方，空間量子化を感知し得る，別の独創的な実験が提案されています。

ある一連の実験では，量子時空のゆらぎは，レーザー干渉計に静的な背景空間の場合とは異なるノイズを発生させます。2014年以降，クレイグ・ホーガンは，イリノイ州フェルミラボでこのような重力ホロメーターを運用しています。この機器は，レーザービームを使用して系の量子ノイズを検出し，量子化された時空の効果が加わったことによる予測ノイズからのずれを識別できます。2015年，ホロメーターは量子時空のゆらぎを否定したと主張しましたが，検出しなかったという結果と機器自体の動作原理の両方が物議を醸しています。

2017年には，ユニバーシティ・カレッジ・ロンドン大学のソーガト・ボースとオックスフォード大学のキアラ・マルレットが，量子重力を間接的に調査する実験を提案しました。第4章と第5章で，量子力学の重要な特徴は重ね合わせと量子もつれであることを見てきたように重力が量子系であるなら，重力にもつれた重力状態が存在するはずです。実験は，まず，マイクロダイヤモンドと呼ばれる微細な堆積物質を二つ準備し，その間に通常の窒素原子を埋め込みます。次に，マイクロダイヤモンドを重力場に落とすと，互いの重力場によって二つは量子もつれ状態に置かれます。窒

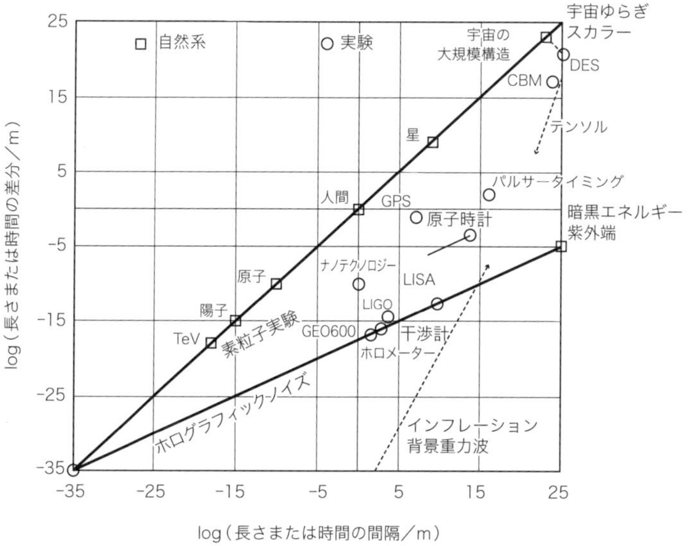

時空のゆらぎに対する実験感度のグラフ。

素原子の状態を注意深く研究することで，ダイヤモンドが量子もつれ状態にあったかどうかを判断できます。場の個々の量子を直接検出することはできませんが，仮に量子もつれ状態になっていたとすれば，重力が量子の場として振る舞っていたことがわかるはずです。

最後に，時空が量子化されているという別の間接的「証拠」は，ブラックホール，情報理論及び熱力学の研究から得られます。1975年にスティーブン・ホーキング（1942～2018）が開始した研究は，ブラックホールの表面積はその情報量の尺度であるエントロピーに比例するという考えを導き出しました。いわゆるホログラフィック原理を通じて，1「ビット」の情報は，ブラックホールの事象の地平面の表面積$A_p = L_p^2$，すなわち10^{-66} cm^{2}の大きさに対応しています。事象の地平面は，ホログラムのような働きをする2次元の表面で，ブラックホールの物質と内部体積で表さ

ホログラフィック原理によれば，３次元物体を定義するすべての情報は２次元表面の情報に変換されている。これは，ブラックホール内の情報とその事象の地平面との関係と関連している。

れるすべての情報が含まれています。事象の地平面の表面積は有限なので，そこに含まれる情報は，A_p単位の有限の量です。また，体積も有限数の量子スケール量であることが必要です。空間が無限に分割可能である場合，事象の地平面の表面積も無限となりますが，実際にはそうではないのです。

Key Points

- 量子重力理論によると，重力がほかの場と同じように振る舞い，重力放射と呼ばれる加速質量からの固有放射を発生する。

- 重力波はハルス–テイラー連星パルサーから間接的に検出され，2015年にLIGO観測所で直接検出された。

- 時空が実際に量子化されているという証拠は，ガンマ線バーストで高エネルギーの光子が低エネルギーの光子よりも大幅に遅れて到着した，という研究から発見されているのかもしれない。

- 量子化された時空の兆候を検出しようと多くの独創的な実験が行われたが，時空が量子化されているという説得力のある証拠は未だ存在しない。

第 15 章

ループ量子重力理論

第8章と第9章で見たように，物理学者は，標準模型と重力に関し私たちが知っていることすべてを組み合わせて，総合的かつ矛盾のない包括的な数学的理論を構築することを切望してきました。そのような理論は，四つの基本的な力が作用する仕組みを統一した記述で扱えることが必要でした。さらに，これらの力を媒介する粒子の種類と，それらが作用する粒子を特定しなければなりません。また，粒子のすべての可能な相互作用と性質が理論に基づいて計算でき，その有限の予測が既知の粒子の性質とそれらの相互作用の結果と一つ一つが合致する必要があります。

光と物質の量子化の発見は，相対論的場の量子論へ発展し，粒子が力を媒介する初の理論，QEDの完成に結実しました。続いて，強い力と弱い力の量子論が急速に発展し，1960年代後半，これらのうちの二つの理論が最初に統合され，電弱統一理論が完成しました。これらの理論はすべて自然界に存在する特定の対称性の一面であることがわかり，単純なユニタリー群U(1)と，強い相互作用及び弱い相互作用のための特殊ユニタリー群SU(3)及びSU(2)に分類されました。三つの力の場の量子論的記述に少数の素粒子を合わせて，三つの力を媒介する12種類のスピン1ボソンと12種類のスピン1/2フェルミオン(電子とその仲間，ニュートリノ，クォーク)からなる，既存のすべての物質を表す標準模型が完成しました。13番目の粒子であるヒッグス粒子はスピン0をもち，対称性の破れのヒッグス機構を通じて，最終的にほかのすべての素粒子に質量を与え，低エネルギーにおいて電弱力を二つの別々の力に分離させます。

しかし，標準模型には問題があります。標準模型は，力が作用する仕組みについて真に統一された数学的な描像を表していません。技術的には，三つの力の数学的記述はすべて繰り込み可能な非可換ゲージ場理論に分類されます。しかし，標準模型のうち電磁気力と弱い力が1種類の理論で表現される一方で，強い力はQCDで表現されます。標準模型内での統合の試みからいくつものヒントが得られたものの，これらの記述を一つの「大統一理論」へ統合する試みは，さまざまな技術的，観察上の困難に直面していました。

重力をスピン2の重力子として量子化し，標準模型に取り入れようとすると，重力子と重力子という2個の粒子の単純な相互作用であっても，数学は繰り込み不可能な厳しい計算と無限大に至ってしまいます。これは，重力子が$E=mc^2$という関係を介してあらゆる物質またはエネルギー源から生成されるためです。計算を進めると，すぐに，処理しなければならない新たな重力子が多数生成されてしまい，相互作用率と運動量の変化に対して無限の非収束解が生じます。また，1940年代以降，場の量子論の計算は力が弱いということに依存していたため，摂動近似からすべての計算を考えることができました。摂動近似では，1，2，3……の量子を伴う連続した相互作用を合計していくときに，合計値に対して多数の量子を伴う寄与の数値的な重要性は低下していきます。QEDでは，新たな光子を追加した項がそれぞれ確率として$(1/137)^2$のわずかな寄与しかないので，摂動近似は非常に早く有限の解に収束します。QCDの場合，その係数は$(0.6)^2$であるため，収束するには，さらに多くの項，文字通り数百万を合計する必要があります。そして，重力の量子化を試みようとすると，各項自体が無限の数の重力子の生成を表すため，摂動の手法では完全に失敗してしまいます。量子力学と一般相対性理論の間には深い矛盾があるために，標準的な摂動と繰り込み手法を用いて重力の量子論を策定する既存の方法はないのです。

量子論と標準模型は，特殊相対性理論が用いるのと同じ，平らな4次元時空内で機能する場で表現されています。超ひも理論でさえ，平らな時空の中で機能します。超ひも理論は，重力子のような粒子を含めていますが，既存の平らな背景時空と弱く相互作用する粒子として扱います。言い換えれば，理論的に最も成功した場の理論は，重力が強く時空が歪んでいる条件下では適用できないのです。将来的には，ひも理論が，自身の４次元時空を生成するスピン２のひもを見つけ，既存の時空を紙切れのように消し去ることで，うまく機能するのではと期待されています。そのため，ひも理論と量子力学は，背景場に依存した理論と呼ばれます。

一方, 古典的な重力場の理論として正確さを実証した一般相対性理論は, 量子場でないだけでなく，既存の時空の枠組みを必要としない純粋に相対的な場です。一般相対性理論は，相対性原理に従って，物質とエネルギーの関係から４次元時空の性質を文字通りつくり出す，背景場から独立した理論なのです。重力場（時空）の位置が確定するのに, 絶対的なニュートン空間と時間はいらないのです。この相対論的な記述が，背景に依存する標準模型の場の量子論の手法と重力の統合を非常に困難にしています。背景依存性と独立性の間にある根本的な問題を検証するために，一部の研究者は一歩下がって，二つの互換性のない手法に基づいた記述と数学ツールを超えた先を見据え，量子力学と一般相対性理論を超えたより深い理論の概観をつかもうとしました。

基本的な考え方は，背景座標の枠組みを必要としない新しい物質の観点から量子場のすべての性質を記述することです。たとえば，空間座標と時間座標以外の物質の観点から場の性質を記述します。一般相対性理論は共変理論であり，すべての物理量がテンソルで記述されています。これらのテンソルは, 法則の形式が変化せず（不変に）保てるように, 座標から独立して法則を表す方法を提供します。しかし，この記述を背景に依存しないようにするためには，座標を提供する既存の時空ではなく，重力場の性質のみに関係する量を使って，標準模型のすべての場を記述しなければなりません。一般的に, あなたが量子状態または電磁場の強さを記述するとき, 電磁気学上，特定の時空点における振幅を $A(x,y,z,t)$ として表します。一

カルロ・ロヴェッリは，プランクスケールで完全に相対論的な時空の理論を目指したループ量子重力理論の創成者の一人である。

方で，場の一般的な記述は，4元ベクトルと呼ばれるテンソルA_mで与えられます。今，あなたは，重力場自身が提供する4次元時空を使ってこれらの場を記述する必要があります。一般相対性理論では，この場をテンソル$g_{\mu\nu}$で表します。記号としては，$A(g_{\mu\nu})$のように書けると考えるかもしれません。これは裏にある時空座標系について何も言及していませんし，直感的に理解するのは非常に困難です。背景から独立した初めての重力理論の一つは，1994年にリー・スモーリン（1955～）とカルロ・ロヴェッリ（1956～）が開発したループ量子重力理論（Loop Quantum Gravity：LQG）です。

リー・スモーリン

リー・スモーリンは1955年に生まれ，1979年にハーバード大学で物理学の博士号を取得しました。その後，イエール大学，ペンシルバニア州立大学及びシラキュース大学で教員を歴任し，1995年にプリンストン高等研究所の客員研究員に就任しました。1980年代後半から量子重力問題に取り組み，カルロ・ロヴェッリ，アーベイ・アシュテカ（1949～）及びテオドール・ジャコブソン（1954～）と協力して，既存の時空を必要としない純粋に相対論的な原理に基づいたループ量子重力理論を定式化しました。スモーリンは科学の普及活動にも力を入れており，また，量子重力理論の実験的及び哲学的帰結を研究しています。

LQGは，一般相対性理論と同じく，既存の時空に依存しないよう数学的に設計されています。この理論では，10^{-33} cmのプランクスケールと比較して点と点の間隔が大きい場合に時空を生成します。プランクスケールでは，空間は，それぞれがプランク単位の体積をもつ点の集合とします。点同士は，空間のような間隔でつながっているのではなく，プランク面積の量子を各点に輸送するという接続関係でつながっています。この関係は，原子物理学の角運動量量子数に類似したスペクトルを形成する面積を表すことができるので，いわゆるスピンネットワークを決定します。具体的には, 面積スペクトルの式は次の具体的な形式をもつことがわかっています。

$$A = 8\pi L^2 \sqrt{J(J+1)}$$

ここで，Lはプランク長10^{-33} cm，Jは各プランク体積の頂点を結ぶ線分のスピン量子数（1，2，3など）です。スピンネットワークの一部は，下の図のような外観をしています。

図のスピンネットワークは，結節点に「運ばれる」総面積が，点と交差する各線分によって運ばれる量子面積の合計に関連していることを示しています。たとえば，図では，六角形のようなネットワークの中心にある頂点が, 時計回りに$J=1$，2，4，2，1，4を表す線分につながっています。六つの線分のそれぞれに対して上の面積式を用いると，頂点の体積によって表される総面積は$A = 8\pi L^2(\sqrt{2}+\sqrt{6}+\sqrt{20}+\sqrt{6}+\sqrt{2}+\sqrt{20})$であることがわかります。線分のスピン$J$は任意ではなく，ロジャー・ペンローズ（1931～）が1971年に提唱したツイスター理論に関連したスピン演算に基

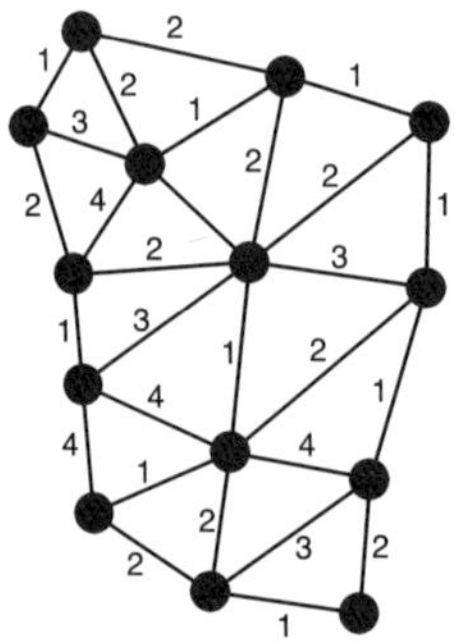

単純なスピンネットワーク。

づく特定の規則に従う必要があります。

LQGによれば，各スピンネットワークは重力場の特定の量子状態を表します。スピンネットワーク内の結節点の集合で包むことにより，その結節点の合計は3次元空間の特定の体積を生成します。そして，この包まれた経路を貫通する部分はその体積の表面積を表します。非常に大きなスケールにおいては，大きなスピンネットワークを定義する離散式が，通常の3次元空間で距離を定義するために用いる方程式，つまり標準模型の背景として用いる定義式と徐々に類似していくとLQGプログラムは予測しています。

スピンネットワークは，まったくの非空間領域から通常の空間が生成される可能性を示しています。しかし，時間はどうでしょうか。重力場は4次元時空で表されており，この時間的拡張を得るために，一連のスピンネットワークは，頂点がつながった状態での特定の動きまたは変更によって，相互に関連付いています。結果として生じる刻々と変化するスピンネットワークの4次元構造は，スピンフォームと呼ばれます。

これまでのところ，LQGは純粋に相対論的な観点から重力場を記述する枠組みを提示していますが，スピンフォームの記述を，標準的な量子力学または古典的な一般相対性理論で用いる大きいスケールでの時空の記述へ移行させる道筋はまだ見えていません。また，標準模型の量子場を表すために用いることが可能なスピンネットワークとスピンフォームの性質

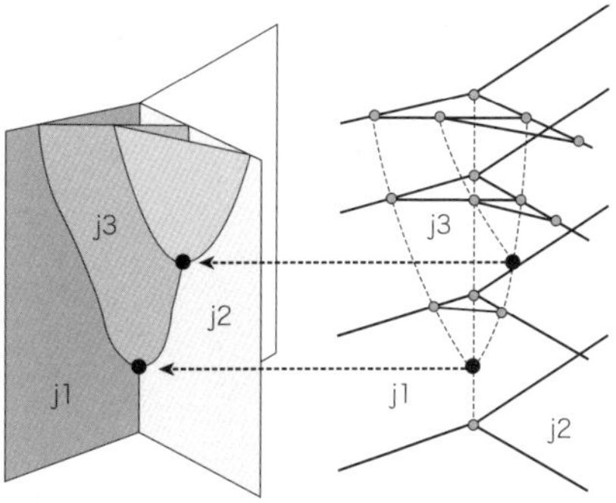

一連の三つの動きによって時間とともに変化するスピンネットワークの例。時間的軸は垂直方向である。

も未だに見つかっていません。しかし，ブラックホールの物理学と情報理論の分野では，LQG と超ひも理論の計算は，同じ物理的問題に直面したとき，同じ答えを導いています。

Key Points

- 量子力学，標準模型及び超ひも理論はすべて既存の4次元時空を基盤としており，背景に依存する理論と呼ばれる。
- 真の重力の量子論は，理論が背景から独立しており，4次元時空はあらかじめ存在するわけでなく理論の予測としてつくられるとする一般相対性理論の基本原理を共有しなければならない。
- 現在，ループ量子重力理論のみが背景から独立した時空の量子論である。
- LQGでは，時空はプランクスケール体積の離散空間へと分解される。この体積は，スピンに関連した特定の量子規則に従って特定の量子化面積を各量子体積に割り当てる相関規則によってつながっている。これをスピンネットワークと呼ぶ。
- その変化によって体系づけられたスピンネットワークの集合は，量子化された時空の性質に類似する4次元のスピンフォームとなる。

第 16 章

反物質

ディラックが反物質のアイデアをひらめき，アンダーソンが電子の反粒子，陽電子を発見して以来，反物質の存在は物理学者にとって驚きの連続でした。量子力学と標準模型は，両方の形態の物質（物質と反物質）を正確な同等性をもって扱う対称的な状態にあります。前者（量子力学）の場合，波動関数と量子状態のすべての計算は，物質に適用するのと同じように反物質にも適用されます。後者（標準模型）の場合，25種類の標準模型粒子すべてが反物質の類似体をもちます。しかし，実験上では反物質を生成することは困難です。そして，原子物理学のスケールを超えたマクロの世界では，物質と反物質の間に完全な対称性はありません。私たちは現在，明らかに，すべてのスケールで物質が支配する宇宙に住んでいます。宇宙の始まりでは，物質と反物質が物理的に直接接触していたので物質と反物質は消滅してしまうはずでした。宇宙全体を考えると，宇宙論上の難題に行きつきます。

反物質の規則は単純です。粒子とその反粒子が対になっている場合，すべての量子数の合計は，真空状態と同じく必ずゼロになります。電子は$-e$の電荷をもち，その反粒子，陽電子は$+e$の電荷をもちます。対になった電荷の合計はゼロです。陽子は，$q=+2/3e$の二つのアップクォークと$q=-1/3e$の一つのダウンクォークという三つのクォークで構成されています。反陽子は，$q=-2/3e$の二つの反アップクォークと$q=+1/3e$の一つの反ダウンクォークで構成されています。同様に，反中性子は，$q=+1/3e$の二つの反ダウンクォークと$q=-2/3e$の一つの反アップクォークで構成されています。光子は電荷をもたず，それ自身が反粒子ですが，グルーオンはカ

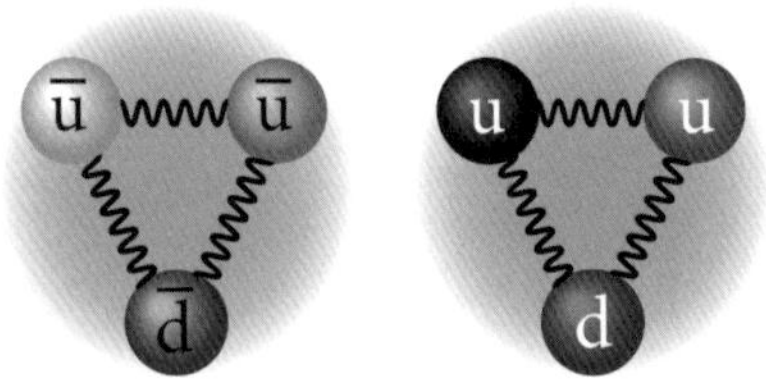

陽子（右）と反陽子（左）のクォーク構造。

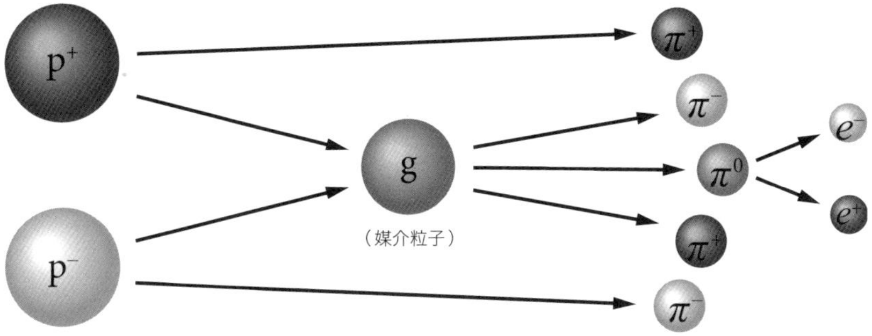

陽子と反陽子が対消滅するとき，純粋なエネルギーの塊となり，そこから多数の新たな粒子が生成される。

ラー電荷をもっているため，赤−反青グルーオンに対する反粒子は，青−反赤グルーオンです。

粒子とその反粒子が結合する場合，真空状態として，正味の量子数はゼロでなければなりません。これは，電荷の合計が当然ゼロであることに加えて，真空状態の静止質量がゼロであるため，正味のエネルギーと運動量も同じくゼロでなければならないことを意味します。この状態が起こるには，静止質量エネルギー $E = mc^2$ を光子が運び去る必要があります。光子は運動量を運ぶため，2個の光子が生成され，それぞれが完全に反対方向に運動して合計運動量がゼロになることが必要です。

まず，電子−陽電子の対消滅はかなり簡単です。電子と陽電子が結合して，正味の量子数のない量子系を生成します。そこから，運動量を保存するため反対方向に移動する2個の光子が生成され，それぞれが $E = mc^2$，または普通の原子物理学の単位で511,000 eV/c^2 に等しいエネルギーを運び去ります。一方，クォークからなるバリオンと反バリオンの場合，過程ははるかに複雑です。陽子と反陽子の場合，それらのクォークと反クォークの成分は，一時的にグルーオンと反グルーオンを伴うクォーク−反クォークのプラズマを形成します。このプラズマから，それ自体がクォークと反クォークの対である中間子と反中間子の対を一時的に形成します。理論的には，13もの中間子状態が発生する可能性があり，これまで9個が検出されています。生成された中間子は消滅領域を離れ，その後，各中間子に適した崩壊率でそれぞれ電子，陽電子及びガンマ線に崩壊します。反陽子と通常の中性子も，それぞれが三つのクォークで構成されており，そのクォークと反クォーク対の量子数の合計がゼロになれるので対消滅します（注：反陽子中の反クォークと中性子中のクォークが対消滅する）。通常は，陽子−反陽子の対消滅により，2個のπ^0中間子または2個のK^0中間子が生成されます。しかし，$\pi^+\pi^-$やK^+K^-などの荷電共役対への消滅も，約1％の確率で発生します。消滅時のエネルギーについては，最終的な生成物の質量に応じて分担され，静止質量が小さい光子と電子がエネルギーの大部分を運び去ります。ほかの中間子の生成も可能であり，陽子−反陽子の衝突で新しい中間子や素粒子の研究と実験が簡単にできます。そのため，イリノイ州フェルミラボのテバトロンやCERNの大型ハドロン衝突型加速器などの，陽子と反陽子のビームを衝突させる加速器実験所が建設されました。

私たちが住んでいる物質が優勢な宇宙において，物

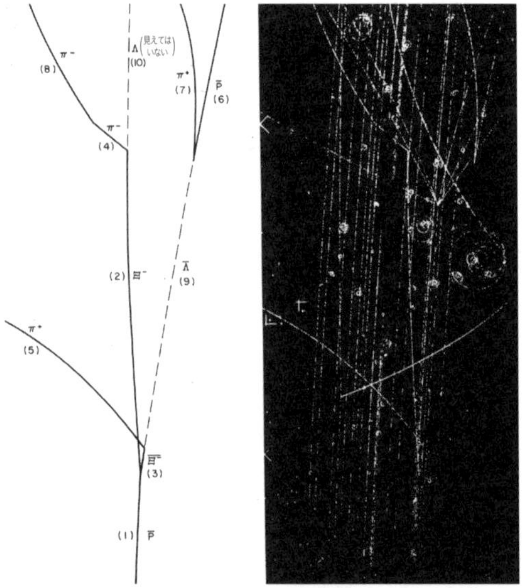

いくつかのパイ中間子とほかのエキゾチック中間子を生成する陽子−反陽子衝突の泡箱写真。

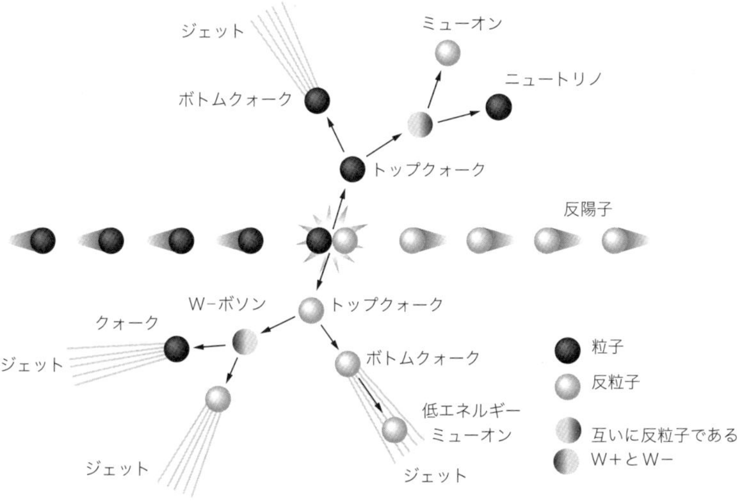

トップクォーク−反クォークの事象

質と反物質が対称ではないという事実は，等しいはずの二つの状態の間にある対称性を壊す何らかの基本的なメカニズムが存在することを示唆しています。宇宙における測定結果から，宇宙が現在の状態のように物質が優勢となるためには，この非対称性は，物質に対して100億分の1だけ優勢であればよいことになります。

このような状態が発生し得る過程の一つは，粒子崩壊の最終な生成物として，反物質状態よりも物質状態をわずかに優先するメカニズムがある場合です。たとえば，中性子は881秒後に崩壊し，電子（$q=-e$），陽子（$q=+e$）及び反ニュートリノになります。反中性子は881秒後に崩壊し，反陽子（$q=-e$），反電子（$q=+e$），ニュートリノになります。W^+，W^-及びZ^0粒子によって媒介される弱い相互作用が，反中性子崩壊の過程よりも中性子崩壊の過程を優先した場合に何が起こるか考えてみましょう。同じ数の中性子と反中性子が存在したとしても，崩壊の結果，電子と陽子がわずかに数で上回り，バリオン/反バリオン非対称性を生み出すのです。そのような崩壊の非対称性の証拠が実際に発見されています。これを探求するためには，CPT不変性と呼ばれる自然界の新たな対称性を研究する必要があります。

CPT対称性

電荷（C），パリティ（P）及び時間（T）の反転は組み合わされていて，反転させる鏡の前にある粒子を置いた際の鏡の世界の動きは，次のようになります。粒子の電荷が$+q$から$-q$に変わり，スピンの方向が変わり（パリティまたは掌性《しょうせい》と呼ばれ，時計回り（スピンアップ）から反時計回り（スピンダウン）に変わる），そして，時間の向きが$+T$から$-T$（粒子の運動量を$+P$から$-P$に反転させるに等しい）に変わります。鏡の世界の粒子の物理学は，元の粒子とまったく同じように見えるでしょう。相互作用は対称的であり，CPT不変性に従っているのです。このアイデアは，QEDの開発者の一人であるジュリアン・シュウィンガー（1918～1994）が1951年に提唱しました。当時，既知の物理法則がCPT対称性に反することはありませんでしたし，実際に，物理のすべての理論は詳細な解析へ本格的に進むためには，この対称性を満たしている必要があります。

CPT対称性は，部分に分割することで検証できます。最初の詳細な研究は，1950年代半ばまで保存されると考えられていたパリティについて行われました。たとえば，鏡の中の時計を見ると，二つの時計の針は互いに近づくように動きます。その結果，時計回りに動く通常の粒子のスピンは，反時計回りに回転する針（スピン）として鏡像に反映されます。針が時計回りに動くように鏡に映した時計のパリティを変更した場合でも，鏡像は通常の時計のようには見えません。これは，パリティがこの系の対称性ではないためです。系のパリティを変更すると，系の動きが変化するのです。

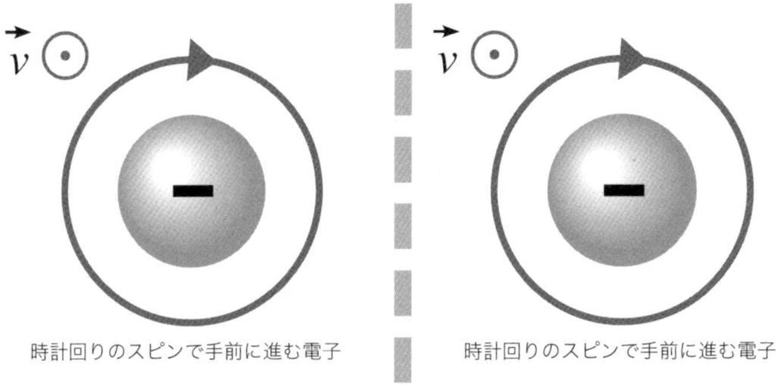

CPT対称性の例

1950年代に実施された実験では，強い力と電磁力はパリティの対称性を保存していましたが，弱い相互作用では破れることがわかりました。1957年，アメリカ国立標準局で呉《ご》健雄《けんゆう》（1912～1997）は，コバルト60の原子核を使用した実験を行い，ベータ崩壊でパリティが破れていることを実証しました。決まった方向にスピンをもつ原子核から放出されるガンマ線に偏光の差はないはずでしたが，実際には40％が一方向へ放出され，60％が別方向へ放出されました。パリティが保存していれば，このような差は生じません。

パリティ保存が破れた場合でも，電荷を変更することでCPの組み合わせは対称性を保つようにバランスをとることができます。つまり，パリティを変更して座標系を「逆さま」に反転した際，同時に粒子を反粒子に変更すると，鏡の世界の動きは同じに見えるはずです。しかし，1964年，ジェームズ・クローニンとヴァル・フィッチによるK中間子崩壊の研究は，CP対称性が破れていることを示しました。彼らは，中性のK中間子は反粒子に変化することができ，そしてその逆もありながら，二つの変化は正確に等しい確率では起こらないことを発見しました。中性のK^0は二つの形で現れます。一つはK^0_{Long}で寿命は5×10^{-8}秒，二つ目はK^0_{Short}で寿命は9×

10^{-11}秒です。K_Lは主に3個のパイ中間子に崩壊し，K_Sは主に2個のパイ中間子に崩壊します。K_L中間子は固有CP－1をもち，K_S中間子は固有CP＋1をもつと考えられていました。パイ中間子はCP＝－1です。K_Sは主に2個のパイ中間子に崩壊し，2個のパイ中間子のCPは(－1)(－1)＝＋1で，CP対称性が保たれることがわかります。しかし，K_Lが崩壊すると，大部分は3個のパイ中間子に崩壊しCPは(－1)(－1)(－1)＝－1でCPは保存していると考えられたのですが，一部は2個のパイ中間子に崩壊しCPは(－1)(－1)＝＋1でCP対称性が破れていることがわかったのです。

ジェームズ・クローニン

ジェームズ・クローニン(1931～2016)は，1955年にシカゴ大学で博士号を取得しました。彼の指導教官には，エンリコ・フェルミ，マレー・ゲルマン及びスブラマニアン・チャンドラセカールら著名なノーベル賞受賞者が揃っていました。彼は新しいコスモトロン加速器が稼働していたブルックヘブン国立研究所に移り，核反応におけるパリティ対称性の破れの研究を始めました。1958年にカリフォルニア大学バークレー校のベバトロン加速器に移り，その後にヴァル・フィッチ(1923～2015)とともにプリンストン大学に移り，中性のK中間子(ケーオン)の崩壊を研究し，1964年にブルックヘブン国立研究所の中性K中間子の実験でCP対称性の破れを発見しました。彼らはこの研究によって1980年のノーベル賞に輝きました。また，彼は研究生活の晩年にかけて，高エネルギー宇宙線とその源を研究しています。

これは，K_LとK_S反粒子の崩壊にも当てはまるため，弱い相互作用の下でのK中間子崩壊ではCP対称性は保たれません。K中間子の崩壊で初めて発見されたCP対称性の破れは，その後，2001年にB中間子の崩壊，2019

年にD中間子の崩壊でも発見されました。

標準模型において，K，B，D中間子は，物質粒子が関与する崩壊をその反粒子とは異なる割合で進行させるため，このメカニズムは，宇宙が物質優勢である理由に対する望ましい答えのように思えます。残念ながら，この崩壊率の差は，100億個に対して1個と推定される観測された宇宙の物質反物質の不均衡を説明するには小さすぎます。宇宙の不均衡は，100億個の反物質粒子に対して100億＋1個の物質粒子が生成されるものでなければなりません。しかし，弱い相互作用におけるCP対称性の破れは，宇宙の反物質問題を解決するために必要なCP対称性の破れの約100万分の1にすぎないのです。これを解明するためには標準模型を超えた先へ進まなければならず，物理学における大きな難問として残されています。

ジェームズ・クローニン（中央）は，K中間子の崩壊におけるCP対称性の破れの研究に尽力した。

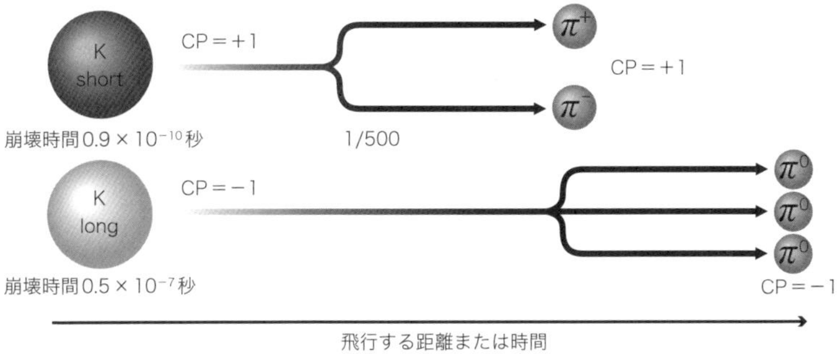

K中間子の崩壊におけるCP対称性の破れは，二つの異なる結果を引き起こす。

Key Points

- 反物質は，その構成粒子の電荷が逆であることを除いて，通常の物質とほとんど同一である。

- 陽電子と呼ばれる電子の反物質は，正の電荷をもつ。クォークの反物質は逆の電荷をもち，陽子や中性子などの粒子が反物質パートナーをもつことを可能にする。

- 電荷ゼロの中性子の反物質は三つの反物質クォークで構成され，各反物質クォークがもつ逆電荷の合計も正味電荷ゼロである。

- 弱い相互作用におけるCP対称性の破れは，自然界が一部の素粒子反応において反物質よりも物質状態をわずかに好むことを証明している。

- 私たちの宇宙において，物質は反物質より100億個に対し1個の割合で過剰で，これは，既知の弱い相互作用のCP対称性の破れより約100万倍も大きい。したがって，弱い相互作用のCP対称性の破れでは，宇宙の物質過剰を説明できない。

用語集（アルファベット順・五十音順）

GeV　10億電子ボルトまたは1.6×10^{-10}ジュールに等しいエネルギー単位。

M理論　五つの超ひも理論を統合する，11次元の理論。

隠れた次元　4次元時空はおそらく七つの量子スケールの余剰次元空間を内包しているという提案。

仮想粒子　現時点における標準模型相互作用の場の量子論で必要とされる，負のエネルギー状態にある粒子。

カラビ-ヤウ多様体　GUT理論の基礎を構築するために必要な時空の余剰次元を構成する空間状の多様体。その形状と幾何学構造が標準模型の粒子の性質を決定すると想定される。

観察者参加　量子系の観察行為が，固有の観測可能な性質をもつ「現実の」粒子としての存在に至らすという概念。局所実在論に関連する。

クォーク　強い力を受ける素粒子を構成する，6種類の素粒子のファミリー。

繰り込み　相対論的場の量子論において有限の観測量をもつ過程を計算する際に，無限解を排除するために用いられる数学手法。

グルーオン　クォーク間で強い核力を媒介する質量のない粒子。

光子　電磁場の基本粒子。

格子ゲージ理論　強い相互作用の計算で用いる手法で，時空を格子として近似し，クォークを格子の節に置きつながっているとする理論。

時空　特殊相対性理論と一般相対性理論において，1次元の時間と3次元の空間の組み合わせを記述するために用いる用語。重力場の物理的基盤である。

自然放出　安定状態であるにもかかわらず，量子系が光子を伴って突然に一つの状態からほかの状態へ変化すること。

自発的対称性の破れ　ある対称性規則の組み合わせから対称性の減少した別の組み合わせへ，場と粒子の系が移行すること。

スピンネットワーク　ループ量子重力理論に基づいた3次元空間の量子化構造。

スピンフォーム　ループ量子重力理論に基づいた4次元時空の量子化構造。

対称性群　操作の組み合わせによって物体の性質が不変のままの数学群を形成する，基本的回転などの一連の操作。たとえば，立方体を時計回りに90度回転しても，最終的な立方体は元の立方体と同じように見える。

大統一理論　強い力，弱い力及び電磁気力の理論を統一した上位理論。

多元宇宙　標準模型と同等の物理法則を伴う，途方もない数の離ればなれの時空（宇宙）が存在するという概念。多元宇宙の下では，私たちの世界は多くの可能性のうちのたった一つにすぎない。ランドスケープの概念と関連する。

超空間　通常の量子力学におけるヒルベルト空間に類似した空間で，超空間の中の各点が私たちの全宇宙の完全な量子状態となる。一つの量子状態から別の状態への発展は，シュレーディンガー方程式に似たウィーラー–デウィット方程式によって決定される。

超重力　スピン2量子の場としての重力記述。

超場　フェルミオンとボソンの場を，両方の性質をもつ新たな数理場へ統合させた場。

超ひも理論　10次元における1次元ひもの振動によって表される素粒子の構造を記述する理論。超対称性によって，これらのひもは標準模型の特性を共有できる。

ディラック空孔　通常の電子に比して負の静止質量エネルギーである量子真空状態。

ニュートラリーノ　超対称性を用いて標準模型を拡張し，存在が予言される粒子。宇宙の暗黒物質を説明する性質をもつ。

人間原理　宇宙の自然定数は，感覚をもつ生命体がそれを価値あるものとして評価することによって選択されているという考え。

場の量子論　相対性理論と物質及びエネルギーの量子化に基づいた，粒子と場の理論。

バルク　M理論の11次元時空を記述するために用いる用語。

反物質　電荷が反対であることを除いて，通常の物質と質量及びスピンが等しい粒子。

万物の理論　標準模型の特性と，重力と時空の量子特性をすべて説明できる理論。

ヒッグス粒子　素粒子に質量を与え，それらに働く力，特に弱い力と電磁気力の間の対称性を破る基本粒子。

標準模型　物質粒子フェルミオンと力の媒介粒子ボソンという二つの族に分類された25種類の基本粒子で構成され，強い力，弱い力及び電磁気力を記述するための現時点における実験及び数理上の模型。

ファインマン・ダイアグラム　量子場の計算において現れる要素を特定するために用いるダイアグラム。

フェルミオン　電子, クォーク, ニュートリノなどのスピン1/2をもつ粒子。

物理的真空　古典的には何もないはずの空間が，量子原理，特にハイゼンベルクの不確定性原理に基づいた性質をもつ真空。

プランクスケール　①光速，②重力定数，③プランク定数の三つの基本定数で定義される，重力と時空の量子変化が発生する時間，距離，質量及びエネルギーのスケール。

ブレーン　3以上の次元からなる11次元時空の部分空間。

ボソン　光子やグルーオンなどのスピン値0，1，2をもつ粒子。

湯川粒子　パイ中間子と呼ばれる固有の電荷と質量をもつ粒子。その到達距離は, 指数関数式に従って決定される。

陽電子　電子の反粒子で，正の電荷をもち，電子と同一の質量をもつ。

ランドスケープ　カラビ-ヤウ多様体のコンパクト化によってひも理論が許容するすべての可能な時空からなる数理空間。量子力学上のヒルベルト空間にたとえられる。

量子　砂浜の一粒一粒の砂の概念に似た，物理系の離散的特性。

量子色力学　グルーオンとクォークによって強い相互作用を記述する相対論的量子論。

量子重力理論　量子現象によって重力と時空を記述する理論の一つ。

量子電磁力学　電子と光子によって電磁相互作用を記述する相対論的量子論。

ループ量子重力理論　相対性原理を用いることで，プランクスケールにおいてより基本的な物体から時空を生成し重力を量子化する理論。

零点振動　仮想粒子と場の生成と消滅によって起こる物理的真空での量子的ゆらぎ。

レプトン　軽いフェルミオンのファミリー。電子, ミューオン, タウ及びパートナーのニュートリノがある。

PICTURE CREDITS

Caltech: 224（MIT/LIGO）

CERN: 85

Getty Images: 19, 64, 68, 112, 115, 144, 187, 193

NASA: 225

Public Domain: 13, 14, 18, 20, 21, 22上, 22下, 23, 28, 33, 42, 47, 48, 49, 53, 55, 56, 57上, 57下, 65, 66, 69, 77, 78, 79, 81,82, 84, 93上, 93下, 94, 102, 106上, 106下, 109, 116, 120, 121, 124, 128, 146, 147, 149, 153, 155, 157, 169, 170, 172, 188, 190, 199, 202, 206, 208, 219, 222, 223, 226, 235, 236, 237, 242, 243, 244, 245, 247, 249上下

Science Photo Library: 15, 103, 135, 203, 221, 228

Shutterstock: 46, 167, 179, 191

Wellcome Collection: 11, 17, 32, 40

▍著者

ステン・オデンワルド／Sten Odenwald

1982年，ハーバード大学で天体物理学の博士号を取得。天体物理学と天文学教育に関する100本以上の論文・記事及び数冊の本を執筆。Space Math @ NASAプロジェクトのディレクター，NASA宇宙科学教育共同事業の市民科学プロジェクトディレクターを務める。「アストロノミー・カフェ」ブログや科学教育を啓蒙する多数のウェブサイトを展開する傍ら，ナショナル ジオグラフィックの番組や2019年に開始した宇宙の天候を扱う「キュリオシティ・ストリーム」シリーズなどBBC番組にも多数出演。

▍監訳者

中家 剛／なかや・つよし

京都大学大学院理学研究科物理学・宇宙物理学専攻，教授。東京大学カブリ数物連携宇宙研究機構客員研究員併任。博士（理学）。大阪大学大学院理学研究科博士後期課程修了。仁科記念賞，戸塚洋二賞，基礎物理学ブレークスルー賞を受賞。主な著書に『ニュートリノ物理：ニュートリノで探る素粒子と宇宙（基本法則から読み解く物理学最前線）』（共立出版）がある。

▍訳者

今田マーサ／いまだ・まーさ

イギリス・ロンドン大学ユニバーシティ・カレッジ法学部修士課程修了。国際法，宗教を研究。外務省，ヨーロッパなどで勤務。科学技術関連部署にも携わる。

量子論がゼロからわかる

古代ギリシャの原子論から最新の量子重力理論まで

2021年11月15日発行

著者	ステン・オデンワルド
監訳者	中家 剛
訳者	今田マーサ
翻訳協力	Butterfly Brand Consulting
編集協力	株式会社オフィスバンズ
編集	道地恵介，目黒真弥子
表紙デザイン	岩本陽一
発行者	高森康雄
発行所	株式会社 ニュートンプレス 〒112-0012 東京都文京区大塚 3-11-6 https://www.newtonpress.co.jp

ISBN 978-4-315-52468-0
